SERVICE DES ÉTABLISSEMENTS HORTICOLES

CATALOGUE N° 3

CATALOGUE No 3.

SERVICE

DES

ÉTABLISSEMENTS HORTICOLES

DE LA

VILLE DE PARIS.

CATALOGUE GÉNÉRAL

DES VÉGÉTAUX CULTIVÉS AU JARDIN FLEURISTE DE LA VILLE DE PARIS

137, Avenue d'Eylau, 137.

LES PLANTES DISPONIBLES SONT LIVRÉES A TITRE D'ÉCHANGE.

1866 — 1867.

AVIS.

CONDITIONS D'ÉCHANGE.

L'Administration de la Ville de Paris adresse aux établissements scientifiques et spécialement aux horticulteurs le Catalogue des végétaux cultivés en 1866, dans son Établissement horticole.

Afin d'en vulgariser l'emploi, elle offre ces végétaux, à titre d'échange, contre une valeur égale en plantes qui lui paraîtront utiles ou qu'elle ne possède pas.

Les Horticulteurs qui ne pourraient offrir, par voie d'échange, des plantes convenant aux cultures de la ville, auront la faculté de faire fournir par un de leurs confrères une valeur égale de végétaux que l'Administration désignera.

Aucune proposition d'achat, payable en argent, ne sera admise par l'Administration.

Les demandes d'échange doivent être adressées, par lettres affranchies, *à M. le Jardinier en chef de la ville de Paris, 137, avenue d'Eylau, à Paris.*

Les végétaux acceptés en échange devront, sous peine de renvoi, être adressés avec cette suscription : « *A M. le Jardinier en Chef de la ville de Paris.* »

EMBALLAGES ET EXPÉDITIONS.

Les frais d'emballage, établis d'après le prix de revient, seront, ainsi que les frais de transport, à la charge des correspondants.

A moins d'avis contraire, les expéditions seront faites par les chemins de fer, grande vitesse.

Toutes les précautions seront prises pour assurer la bonne arrivée et la parfaite conservation des plantes, qui voyagent *aux risques et périls du destinataire.*

LISTE GÉNÉRALE.

<hr>

N. B. Les végétaux sont désignés par le nom sous lequel ils sont le plus connus ou par celui sous lequel l'Établissement les a reçus.

Ceux dont les prix sont indiqués sont seuls disponibles.

<hr>

Abelmoschus
Manihot (*Hibiscus Manihot*) 1 »
moschatus.

Abroma
augusta (*Ab. Weleri*). . . . 2 »
fastuosa.

Abrus
precatorius (*Glycine Abrus*). 1 »

Absinthium. V. Artemisia.

Abutilon
atropurpureum.
aurantiacum (*A. integerrimum*) 1 »
Bedfordianum.
Duc de Malakoff . . . . . . 1 »
Megapotamicum (*vexillarium*) 2 »
striatum.
— folis variegatis.
timorense.
Tonelianum . . . . 2 »

Acacia. V. pag. 40.

Acantholoma. V. Hippomane.

Acanthus
lusitanicus (*Ac. latifolius*). . 1 »
mollis. . . . . 1 »
montanus (*Dilivaria ilicifolia*). . . . . 1 »
spinosus. . . . . 1 »

Acer
polymorphum atropurpureum.

Achillea
ceratophylla . . . . » 50
Clavennæ (*Ptarmica claven.*) » 50

Achimenes. V. Gesnériacées, pag. 67.

Achras
macrophylla (*Sapota macrophylla*).
Sapota (*Sapota Achras*) . . 10 »

Achyranthes
fruticosa.
Verschaffeltii (*Iresine Herbstii*) » 50

Acorus. V. Aroïdées, pag. 42.

Acrocomia. V. Palmiers, pag. 76.

Acrophorus. V. Fougères, pag. 60.

Acropteris. V. Fougères, pag. 60.

Acrostichum. V. Fougères, pag. 60.

Actinopteris. V. Fougères, pag. 60.

Acyphylla
squarrosa.

Adansonia
digitata . . . . 6 »

Adelaster
albo-venosus. . . . . 2 »

Adelobotrys
Lindenii. . . . . 2 »

Adenanthera
pavonina. . . . . 1 »

Adenophora
sinensis . . . . 1 »

Adhatoda
sp.?
vasica (*Justicia Adhatoda*) . » 50

Adiantum. V. Fougères, pag. 60.

Æchmea. V. Broméliacées, pag. 47.

Ægle.
marmelos.

1 "

Alsophila. V. Fougères, pag. 60.

Alternanthera
paronychioïdes .... » 50
sessilis amæna........ 2 »
spathulata.......... 1 »

Alisycarpus
longifolius.

Alyssum
deltoïdeum (*Aubrietia deltoïdea*)........ » 50
maritimum fol. variegatis.. . » 50
saxatile........... » 50
— fol. variegatis..... » 50

Alyxia
ruscifolia (*Al.Richardsonii*).

Amaryllis.
aulica (*Hippeastrum aulic.*). 2 »
fulgida fl. pleno.
Josephinæ (*Brunswigia Josephina*)......... 10 »
procera (*Hippeastrum procerum*)......... 20 »
sp.? *Saint-Domingue.*
vittata (*Hippeastrum vittata*) 3 »

Amaryllis hybrida. V. pag. 40.

Amblyoleptis
setigera.

Amomum
aculeatum.
granum Paradisi....... 2 »
maximum.
zingiber........... 1 »

Amorphophallus. V. Aroïdées, p. 42.

Ampherephis. V. Centratherum.

Anacardium
occidentale (*Cassuvium pomiferum*).

Ananassa. V. Broméliacées, pag. 47.

Andira
anthelmintica (*Geoffroya anthelmintica*).

Andropogon. V. Graminées, pag. 68.

Androsace
lanuginosa (*And. sarmentosa*) 1 »

Aneimia. V. Fougères, pag. 60.

Aneimidictyon. V. Fougères, pag. 60.

Anemone
japonica............ » 50
— Honorine Jobert..... » 50

Angelonia
grandiflora (*Angelonia cornigera*).
salicariæfolia......... » 75

Anisacanthus
virgularis (*Justicia virgul.*).

Anisomeles
malabarica (*Nepeta malab.*).

Anoda
Dilleniana (*Sida cristata*).

Anœctochilus (*Anecochilus*).
argenteus (*Physurus pictus reticularis*)....... 5 »
Lobbianus (*A. argyroneurus*).
petola (*Macodes petola*).
pictus (*Spiranthes argentea*). 3 »
Roxburghii (*Chrysobaphus Roxburghii*)....... 5 »
Veitchii.

Anona
Cherimolia.
muricatâ.
squamosa.

Anthemis. V. Chrysanthemum.

Anthurium. V. Aroïdées, pag. 42.

Anthyllis
Barba-Jovis (*Vulneraria argentea*).

Antiaris
toxicaria.

Antirrhinum
folis variegatis....... » 50
Hendersonii......... » 50

Aphelandra
aurantiaca (*Hemisandra aurantiaca*)........ 2 »
cristata (*Aphel. tetragona*) . 2 »
Leopoldina (*Aph. squarrosa*). 2 »
Liboniana.......... 2 »
ornata.

Apocynum
androsæmifolium.

Aponogeton
distachyum......... 1 »

Aquilegia
canadensis.
formosa.
sibirica (*Aq. vulg. dahurica*).
Skinnerii.
spectabilis.

Brugmansia. V. Datura.

Brunfelsia. V. Franciscea.

Brunswigia. V. Amaryllis.

Bryonia
epigæa.

Bryophyllum
macrophyllum (*Cotyledon. m.*) 1 »
magnificum.

Buddleia
brasiliensis (*Bud. thapsoides*).
curvifolia . . . . 1 »
globosa (*Bud. capitata*).
macrophylla.
madagascariensis (*Bud. hete-*
rophylla). . . . . 1 »

Bumelia
salicifolia.

Buphthalmum. V. Borrichia.

Burchellia
capensis (*Locinera bubalina*).

Butea
frondosa (*Erythrina monosperma*).

Butomus
umbellatus (*But. floridus*). . » 75

Butonica. V. Barringtonia.

Buxus
Fortunei. . . . . 2 »
sp.? *Japonica*. . . . . . . 3 »

Cactées. V. pag. 48.

Cæsalpinia
echinata.
pulcherrima flor. aurantiaca.
— flor. rubro.
Sappan.

Cajanus
ndicus (*Caj. bicolor*). . . . 1 »

Caladium. V. Aroïdées, pag. 42.

Calamus. V. Palmiers, pag. 77.

Calotropis
gigantea.
— flore albo.

Calceolaria
excelsa . . . . » 50
rugosa. . . . . » 50

Calceolaria hybrida. V. pag. 40.

Calicocca
Ipecacuanha (*Cephaëlis Ipeca-*
cuanha). . . . . 10 »

Calliandra
sancti Pauli.

Callicarpa
augusta.
gracilis . . . . 1 »
lanata (*Cal. pedunculata*). . 1 »
latifolia . . . . 1 »
sp.?

Callicoma
serratifolia.

Calliopsis
Drummondi (*Coreopsis Drum-*
mondi).
tinctoria (*Coreopsis tinctoria*).
— atropurpurea (*Corcopsis*
tinctoria atropurpurea).

Callipteris. V. Fougères, pag. 61.

Callirrhoe
pedata.
verticillata.

Callistachys
lanceolata . . . . 1 »
linearis.
sp.?

Callistemon
arborescens . . . . 1 »
angustifolius. . . . . 1 »
brachyandrus . . . . 1 »
rugulosus (*Metrosideros ru-*
gulosa). . . . . 1 »

Callitris
quadrivalvis.

Calodracon. V. Dracæna.

Calonyction
sanguinolentum.

Calophyllum
Limoncillo.

Caltha
palustris flore pleno. . . . . 1 »

Calycotrix
Billardieri (*Calythrix glabra*).

Calyptraria
lævigata. . . . . 1 »

Cassuvium. V. Anacardium.

Castanospermum
australe. . . . . 6 »

Castilloa
elastica . . . . 5 »

Casuarina
indica. . . . . 1 »
leptoclada 1 50
muricata. . . . . 1 »
nodiflora.
pumila . . . . 1 »
quadrivalvis . . . . 2 »
rigida. . . . . 1 »

Cataleuca
rubicunda (*Isotypus onoseroïdes*). . . . . 2 »

Catha. V. Celastrus.

Cathartocarpus. V. Cassia.

Ceanothus
africanus. . . . . 1 »
— président Revell.
Veitchianus.

Cecropia
palmata (*Cec. concolor*). . . 5 »

Cedrela
brasiliense.
odorata.
Toona.
velutina (*C. villosa*).

Celastrus
edulis (*Catha edulis*).

Centaurea
babylonica. . . . . 1 »
canariensis.
candidissima (*C. Cineraria*). . 1 25
— compacta . . . . . . 10 »
gymnocarpa 1 50
montana rosea (*Jacea alata
rosea*).
plumosa. . . . . 3 »
ragusina. . . . . 1 »
rhutenica.

Centradenia
floribunda (*Arthrostema pa-
rietaria*) . . . . 1 »
grandiflora. . . . . 1 »
rosea . . . . 1 »

Centranthus
ruber (*Valeriana rubra*).

Centratherum
intermedium (*Ampherephis intermedia*).

Centropogon
grandiflorus . . . . » 75

Centrostemma
multiflora (*Cyrtoceras reflexum*).

Cephaëlis
ipecacuanha (*Calicocca ipecacuanha*). . . . . 10 »

Cephalanthus
occidentalis (*C. oppositifolius*).

Cephalotus
follicularis.

Cerastium
Biebersteinii (*C. repens*) . . . » 50
grandiflorum (*C. argenteum*). » 50
tomentosum (*C. Columnæ*). . » 50

Ceratodactylis. V. Fougères, pag. 61.

Ceratolobus. V. Palmiers, pag. 77.

Ceratonia
siliqua. . . . . 10 »

Ceratostigma
plumbaginoïdes (*Plumbago
Larpentæ*). . . . . » 50

Ceratozamia. V. Cycadées, pag. 53.

Cerbera
Manghas. . . . . 5 »
Thevesia (*Thevetia neriifolia*) 5 »

Cercocoma
macrantha.

Cereus. V. Cactées, pag. 48.

Ceropegia
Gardnerii . . . . 2 »

Ceratopteris. V. Fougères, pag. 61.

Ceroxylon. V. Palmiers, pag. 77.

Cestrum
aurantiacum. . . . . 1 »
roseum.

Chamædorea. V. Palmiers, pag. 77.

Chamæfistula. V. Cassia.

Chamæpeuce
casabonæ (*Carduus casab.*). 1 »
diacantha (*Circium diac.*).

Chamæranthemum
Beyrichii . . . . 1 »
  — fol. variegatis . . . . . 2 »
marmoratum . . . . 1 »
verbenaceum . . . . 2 »

Chamærops. V. Palmiers, pag. 77.

Chariels
heterophylla.

Charlwoodia. V. Dracœna.

Chellanthes. V. Fougères, pag. 61.

Cheiranthus
Cheirii fol. variegatis.

Chelrostemon
platanoïdes.

Chiococca
racemosa . . . . 5 »

Chirita. V. Gesnériacées, pag. 67.

Chironia
Fischerii . . . . » 50
linoïdes (*Ch. vulgaris*) . . . . » 50

Chloroxylon
Swietenia (*Swietenia Chlor.*)

Chœnostoma
fastigiata.

Chorisia
speciosa.

Chorizema
cordata.
ilicifolia.
speciosa.
varium.

Chrysanthemum
frutescens (*Anthemis frut.*) . . » 50
  — comtesse de Chambord . » 50
pinnatifidum . . . . » 50

Chrysanthemum indicum.
V. pag. 52.

Chrysobalanus
Icaco.

Chrysobaphus
Roxburghii (*Anœctochilus R.*)

Chrysophyllum
argenteum (*Chr. oliviforme*). 5 »
macrophyllum (*Lucuma rivicoa*).

Cibotium. V. Fougères, pag. 61.

Cicca
disticha.

Cinchona
magnifolia (*Cascarilla grandiflora*).
nobilis (*Quinquina nobilis*).
sp? *Lindenii.*
Tucujensis . . . . 3 »

Cineraria
acerifolia . . . . 1 »
geifolia (*Xenocarpus geifo-
  lius*) . . . . 1 »
macrophylla (*Ligularia mon-
  golica*) . . . . 1 »
maritima (*Senecio maritima*) » 50
miradorensis . . . . 1 »
platanifolia (*Senecio Peta-
  sites*) . . . . 1 »
repanda (*Brachyglottis repanda*) . . . . 2 »

Cinna. V. Graminées, pag. 69.

Cinnamomum
camphora (*Laurus camph.*). 1 »
dulce . . . . 2 »
sericeum
verum . . . . 2 »
zeylanicum . . . . 5 »

Cirsium. V. Chamæpeuce.

Cissus
amazonica . . . . 3 »
antarctica . . . . 2 »
discolor (*Ciss. marmorata*) . 2 »
marmorea.
porphyrophylla (*Piper?*) . . 2 »

Cistus
creticus.

Citharexylon
quadrangulare . . . . 5 »

Citrosma
Lindenii . . . . 10 »

Citrus
aurantiacum.

Clavija
australis . . . . 10 »
ornata (*Theophrasta longifolia*).

Erythrochiton.
brasiliensis (*Galipea pentandra*).
hypophyllum.
macrophyllum.

Eucalyptus. V. pag. 58.

Eucharidium
grandiflorum.

Eucodopsis. V. Gesnériacées, pag. 68.

Eucomis
punctata (*Ornithogalum punct.*)
undulata (*Euc. regia*).

Eugeissonia. V. Palmiers, pag. 78.

Eugenia
australis (*Jambosa australis*). 2 »
floribunda. 1 »
Jambosa. 2 »
Michelii (*Myrtus brasili...*) 5 »
trinervia (*Myrtus trinervia*). 5 »
uniflora.

Eupatorium
arboreum. 1 »
caelestinum (*Conoclinium c.*)
glechonophyllum.
laeve 1 »
Weinmannianum.

Euphorbia
jacquiniaeflora (*Euph. fulgens*) 1 »
mellifera. 1 »
pulcherrima (*Poinsettia p.*). 1 »
splendens (*Euph. Breonii*). ..
sylvatica

Euphoria
longana (*Dimocarpus long.*).

Eupodium. V. Fougères, pag. 62.

Eurya
japonica.

Eurybia
aculeata (*Diplosthephium a.*).
argophylla (*Aster argoph.*).
Gunnii.
...phylla. » 50
...ta (*Diplostephium linct.*)
...osmarinifolia (*Aster rosm.*) » 50
Standishi.

Eutassa
diffusa

Euterpe. V. Palmiers, pag. 73.

Eutoca
divaricata.
Wrangeliana.

Evodia
aromatica.

Evonymus
ginatis macrophyllus . . . . 1 »
— pulchellus . . . . . . 1 »
japonicus fol. albo marginatis. 1 »
— fol. albo striatis . . . . 1 »
— argenteo variegatis . . . 1 »
— aureo marginatis. . . . 1 »
— aureo variegatis . . . . 1 »
— medio picta. . . . . . 1 »
radicans fol. argenteo varieg. 1 »
— fol. aureo varieg. . . . 1 »
— fol. roseo pictis. . . . . 1 »

Exacentris
lutea . . . . 3 »
coccinea. . . . . 1 »
mysorensis. . . . . 1 »

Exacum
macranthum.

Exocarpus
cupressiformis.

Exostemma
erubescens. . . . . 5 »
floribunda (*Cinchona floribunda*).

Fabiana
imbricata.

Fabricia
laevigata.

Fagraea
auriculata.
lanceolata . . . . 5 »
littoralis. . . . . 15 »
obovata.
tahitensis . . . . 15 »

Farfugium
grande (*Senecio Farfugium*). » 50

Ferdinanda
augusta . . . . 1 »
eminens (*Cosmophyllum c-
caliaefolium*) . . . . . . 1 »

Ferdinandusa
superba (*Crescentia macrophylla* 5

Ferreola
buxifolia (*Maba buxifolia*).

Ferula
nodiflora (*Fer. sulcata*).

2

Festuca. V. Graminées, pag. 69.

Ficus. V. pag. 59.

Filices. V. Fougères, pag. 61.

Flacourtia
Ramontchi.

Forrestia
hispida (*Pollia hispida*). . . 3 »

Fougères. V. pag. 61.

Fourcroya. V. Furcræa.

Franciscea
confertiflora (*Brunfelsia con-*
fertiflora).
eximia (*Fr. macrophylla*).
Hoppeana (*Brunfelsia Hop-*
peana).
Lindeniana.

Francoa
appendiculata.
splendida.

Freycinetia. V. pag. 81.

Fuchsia. V. pag. 65.

Fulchironia. V. Palmiers, pag. 78.

Fumaria
nobilis (*Corydalis nobilis*). . » 50

Funkia
lancifolia (*Hemerocallis lan-*
cifolia). . . . . 1 »
— folis varieg. (*Hemeroc.*
lancifolia f. v.). . . 1 »
ovata (*Hem. cærulea*). . . . » 50
subcordata (*Hem. japonica*). » 50

Furcræa (*Fourcroya*)
gigantea . . . . 50 »

Gaillardia
grandiflora.
speciosa.

Galactodendrum
utile (*Brosimum Galactodr.*).

Galega
officinalis (*Galega vulgaris*).
— alba.

Galipea
odoratissima.
pentandra (*Erythrochiton bra-*
siliense).

Galphimia
hirsuta.

Garcinia
Mangostana.

Gardenia
citriodora . . . . 1 »
florida (*Gard. jasminioïdes*). 1 »
— fol. variegatis.
radicans (*Gard. florida For-*
tuniana) . . . . 1 »
— folis variegatis. . . . . 1 »

Gastonia. V. Araliacées, pag. 41.

Gaultheria
littoralis.

Gaura
Lindheimeriana. . . . . . . » 50

Gazania
euchlora. . . . . » 50
Ingelrestii . . . . » 50
splendens. . . . . » 50
— fol. variegatis. . . . . » 50
— grandiflora . . . . . . » 50
— soleil. . . . . » 50

Geissomeria
longiflora . . . . 1 »
marmorea . . . . 1 »
splendens . . . . 1 »

Geliniachotia
foliolosa.

Genipa
americana (*Gardenia Genipa*).

Gentiana
acaulis.

Geoffroya
anthelmintica (*Andira anthel-*
mintica).
racemosa.

Geonoma. V. Palmiers, pag. 78.

Geranium. V. Pelargonium.

Gesneria. V. pag. 68.

Gilibertia. V. Araliacées, pag. 41.

Ginoria
americana.

Globba
erecta (*Alpinia calcarata*).
nutans (*Alpinia nutans*).
radicans.
sanguinolenta (*Renealmia*).

Glochidion ?
colubrina ?

Hakea
Baueri. . . . . . . 1 »
carinata. . . . . . . 1 »
eucalyptoides. . . . . 1 »
saligna . . . . 1 »
stricta. . . . . . . 1 »

Malleria
lucida.

Hardenbergia
cærulea . . . . 1 »
monophylla . . . . . . 1 »
— alba (*Kennedya mono-
phylla alba*). . . . . 1 »
— ovata alba (*Kennedya
ovata alba*). . . . . 1 »

Marina. V. Palmiers, pag. 78.

Harpulea
pendula (*Cupania pandura-
folia*). . . . . 5 »

Hartwegia
comosa.

Havetia. V. Clusia.

Hebeclinium (*Conoclinium*).
atrorubens. . . . . . 1 »
giganteum (*macrophyllum*). 1 »
ianthinum. . . . . . . » 50
panamense. . . . . . 1 »

Mechtia. V. Broméliacées, pag. 47.

Hedera. V. pag. 11.

Hedychium
angustifolium. . . . . 1 »
aurantiacum. . . . . . 2 »
laciniatum.
coccineum. . . . . . . 3 »
coronarium (*H. spicatum*).. 1 »
flavescens . . . . . . » 75
Gardnerianum (*H. speciosum*) 1 »
purpureum. . . . . . . 3 »
sp.? *de la Guadeloupe.*
thyrsiforme fol. var. (*Globba
radicans fol. var.*). . . . 3 »

Hedyosmum
Granizo.

Hedysarum
gyrans (*Desmodium Gyrans*).
pictum (*Uraria picta*).. . . 3 »
polycarpum lilacinum (*Desmodium p. lilacinum*).
supinum (*Onobrychis supina*).

Heimia
salicifolia (*Nesæa salicifol.*).

Helenium
macrocephalum. . . . . . 1 »

Heleocharis
sinensis (*Scirpus sinensis*).

Helianthus
argophyllus.
californicus.
latifolius.
multiflorus flore pleno.
orgyalis . . . . 1 »

Helichrysum
argenteum. . . . . . . 1 »
bracteatum.
Lamarckii.

Heliconia
angustifolia . . . . . . 2 »
aurantiaca. . . . . . . 2 »
Bihaï.
brasiliensis. . . . . . 2 »
metallica. . . . . . . 5 »
musæfolia . . . . . . 5 »
pulverulenta (*Hel. farinosa*). 2 »
psittacorum.
sp? *Miradorensis*. . . . 10 »
spectabilis (*Stromanthe sp.*). 4 »
sp.? . . . . 5 »
strelitziæfolia.

Helicteres
Isora (*Hel. jamaïcensis*).

Heliocarpus
americana.
simplex.

Heliotropium. V. pag. 69.

Helipterum
Sandfordii. . . . . . . 2 »

Hellenia
melanocarpa.

Hemerocallis
disticha fl. pleno.
flava.
Kwanso. fl. pleno.
lancifolia (*Funkia lancifol.*). 1 »
— var. fol. (— — v.). . . 1 »
ovata (— — cærulea). . . » 50
subcordata (— —japonica). » 50

Hemiandra
pungens

Hypoestes
laxiflora.

Hypolæna
fastigiata.

Hypolepis. V. Fougères, pag. 63.

Hypoxis?
floribunda?

Iberis
amara. . . . . » 50
— grandiflora. . . . . » 50
sempervirens. . . . . . . » 50

Illecebrum
arabicum (*Paronychia arab.*).

Illicium
religiosum.

Imatophyllum. V. Clivia.

Imperata. V. Graminées, pag. 69.

Incarvillea
grandiflora (*Tecoma grand.*).

Indigofera
australis (*Ind. Sylvatica*). . 1 »
angustifolia brachystachya.
coccinea. . . . . 1 »
decora purpurea.
indica. . . . . 1 »
macrostachya. . . . . . . 1 »
Royleii.

Inga
anomala (*Acacia grandiflora*).
ferruginea.
pulcherrima.

Ionidium
suffruticosum.

Ipomæa
digitata. . . . . 2 »
Horsfalliæ (*Ip. pendula*). . . 3 »
lachnosperma.
Leari.
scabra.

Iriartea. V. Palmiers, pag. 79.

Iris
fœtida fol. variegatis. . . . . » 50
lævigata japonica.
susiana . . . . 1 »

Iresine
Herbstii (*Achrysanthes Verschaffeltii*). . . . . » 50

Isœtes
edulis. . . . . 2 »

Ismelia
coronopifolia (*Pyrethrum Hallerii*).

Isolepis. V. Graminées, pag. 69.

Isoloma. V. Gesnériacées, pag. 68.

Isotypus
rosæflorus. . . . . 2 »
onoseroïdes (*Cataleuca rubicunda*). . . . . 2 »

Ixora
alba.
amboinica.
aurantiaca.
coccinea.
flammea.
floribunda.
Griffithii.
Javanica.
longifolia.
odorata.
salicifolia.

Jaborosa
densifolia.
magnifica. . . . . 2 »

Jacaranda
Caroba.
Clauseniana (*Cupania filicifolia*).
digitaliflora . . . . 10 »
— fl. alba.
mimosæfolia (*Jac. ovalifolia*).

Jacea
alata rosea (*Centaurea montana rosea*).

Jambosa
australis (*Eugenia Austr.*). 2 »
cauliflora. . . . . 5 »
magnifica . . . . 5 »
malaccensis (*Jambosa nigra*).
vulgaris (*Eugenia jambosa*). 2 »

Janipha
Læflingii.
Manihot (*Manihot aipii*). . . 1 »

Jasminum
azoricum. . . . . 1 »
— fol. variegatis. . . . . 1 »
Bidwillii. . . . . 1 »
Poiteauanum. . . . . 1 »
Sambac (*Mogorum Sambac*). 1 »
sp.? *Duvalii*. . . . . 2 »

Jatropha
acuminata (*J. panduræfolia*).
Curcas (*Curcas purgans*).

Sagittaria
flore pleno.

Sagus. V. Palmiers, pag. 80.

Salvia
azurea. . . . . 1 »
cacaliæfolia. . . . . 1 »
Herii . . . . 1 »
Æthiopis. . . . . 1 »
patens. . . . . 1 »
porphyrantha. . . . . 1 »
semi-alata. . . . . 1 »
splendens.. . . . . » 50
— compacta. . . . . 1 »
tricolor.. . . . . 1 »

Sansevicra
angolensis.
carnea (**Reineckea carnea**). . » 50

Sanvitalia
procumbens.. . . . . » 50
— flore pleno.. . . . . . . 1 50

Sapindus
indica.
Mirowsky.
Saponaria (*Sapindus mallea-
nus*). . . . . 10 »
senegalensis . . . . 3 »
sp ?

Saponaria
ocymoïdes. . . . . » 50

Sapota (*Achras*)
Achras. . . . . 10 »
macrophylla.
Mullerii.
sp? *de Ham.*

Saraca
arborescens (*Jonesia Azoca*).

Sarcococca
prunifolia.. . . . . 5 »

Saribus. V. Palmiers, pag. 80.

Sarmienta. V. Gesnériacées, pag. 68.

Sarracenia
purpurea.. . . . . 2 »

Saurauja
assamica. . . . . 3 »
mollis. . . . . 4 »
nepalensis.
sarapiquensis. . . . . . . 20 »
superba.

Sauromatum. V. Aroïdées, pag. 43

Saururus
cernuus. . . . . » 50

Saxifraga
cordata.. . . . . 1 »
crassifolia . . . . 1 »
Fortunei.
filamentosa. . . . . 1 »
japonica. . . . . 1 »
tricolor.. . . . . 2 »
ligulata . . . . 1 »
sarmentosa (*Sax. stolonifera*).

Schinus
Molle.

Schismatoglottis. V. Aroïdées, pag. 44.

Schistocarpha
bicolor (**Perymenium bicolor**) 1 »
Noacki.

Schyzocasia. V. Aroïdées. pag. 44.

Schyzostyllis
coccinea. . . . . 1 »

Sciadophyllum. V. Araliacées, pag. 41.

Scindapsus. V. Aroïdées, pag. 44.

Scirpus
lacustris. . . . . » 50

Scolopendrium. V. Fougères, pag. 64.

Scrophularia
mellifera.. . . . . 1 »

Scutellaria
aurata.

Seaforthia. V. Palmiers, pag. 80.

Sedum
carneum variegatum.. . . . . » 50
Fabaria . . . . » 50
— fol. var.. . . . . 2 »
involucratum. . . . . 1 »
japonicum tricolor.
kamtschaticum . . . . » 50
macrophyllum . . . . 1 »
Sieboldii fol. med. pict. . . 1 »
Telephium. . . . . 1 »
— purpureum . . . . 1 »

Selaginella. V. pag. 71.

Selenipedium. V. Cypripédiées,
pag. 54.

Senecio
acerifolia . . . . 1 »
argentea. . . . . » 50
australis.
Claussenii . . . . 2 »

Strychnos
nux-vomica.

Sutherlandia
frutescens (*Colutea frutescens*) 2 »

Swainsonia
galegiformis . . . . 1 »
Grayana. . . . . 1 »
splendens . . . . 1 »

Swartzia
grandiflora (*Solandra grand.*) 2 »
Mahogoni (*Swietenia Mahog.*).

Swietenia
Chloroxylon (*Chlor. Swietenia*).
Mahogoni (*Swartzia Mahog.*).

Syagrus. V. Palmiers, pag. 80.

Symphytum
asperrimum . . . . 1 »
officinale fol. aur. marginatis. 1 »

Synechanthus. V. Palmiers, pag. 80.

Syngonium. V. Aroïdées, pag. 44.

Tabernaemontana
coronaria . . . . 2 »

Tacca
cristata (*Ataccia cristata ?*)
pinnatifida.

Taenonia
Van Volxemii. . . . . 2 »

Tamarindus
indica. . . . . 3 »

Tamus
elephantipes (*Testudinaria elephantipes*).

Tanghinia
venenifera.

Tapeinotes. V. Gesnériacées, pag. 68.

Tasmannia
aromatica (*Winterana lanceolata*).

Taxus
adpressa.

Tecoma
campestris.
grandiflora (*Incarvillea grandiflora*).
marmorata. . . . . 3 »
nitida.
sp.?
stans (*Bignonia stans*). 3 »

Tectaria. V. Fougères, pag. 65.

Tectona
grandis.

Telanthera
versicolor . . . . 1 »

Telekia
grandifolia.

Templetonia
glauca. . . . . 2 »
retusa (*Rafnia retusa*) . . . 2 »

Terminalia
Badama (*Bad. Commersonii*).
elliptica.
mollis. . . . . 6 »

Ternatea
vulgaris (*Clitoria Ternatea*). 1 »

Testudinaria
elephantipes (*Tamus elephant.*).

Tetrantera
japonica (*Tomex japonica*).

Teucrium
frutescens . . . . 2 »
Marum . . . . 1 »

Thalia
dealbata (*Peronia stricta*). . 1 »

Thalictrum
anemonoides fl. pleno . . . . 1 »

Thamnopteris. V. Fougères, pag. 65.

Thea
viridis. . . . . 2 »

Thenardia
floribunda. . . . . 2 »

Theobroma
Cacao.

Theophrasta
attenuata.
crassipes.
glauca.
imperialis (*Curatella imper.*). 20 »
Jussieui (*Th. Americana*).
lanceaefolia.
latifolia (*Clavija latifolia*).
longifolia (*Clavija ornata*).
macrophylla (*Clavija macroph.*).
minor.
oranensis.
Rio Purus.
speciosa.
umbrosa.

Thespesia
populnea (*Hibiscus populn.*). . 5 »

Thevetia
nerifolia (*Cerbera Thev.*). . 5 »

Thibaudia
pubescens . . . . 3 »

Thomasia
purpurea.

Thrinax. V. Palmiers, pag. 80.

Thuia
articulata (*Callistris quadrivalvis*).

Thumbergia
laurifolia . . . . 1 »

Thymus
corsicus (*Calamintha cors.*). 1 »

Thyrsacanthus
Barlerioïdes.. . . . . . . 2 »
rutilans . . . . 2 »
strictus (*Eranthemum coccineum*).. . . . . 1 »

Thysanotus
tuberosus.

Tiarella
cordifolia.

Tillandsia. V. Broméliacées, pag. 48.

Todea. V. Fougères, pag. 65.

Torenia
asiatica (*Tor. vagans*).
— pulcherrima.

Tournefortia
heliotropioïdes.
scabra.
sericea.

Trachelium
cœruleum (*Valeriana cœrul.*). 1 »

Tradescantia
discolor . . . . 1 »
vittata. . . . . 2 »
Wallichiana . . . . 5 »
zebrina . . . . » 50

Trichomanes. V. Fougères, pag. 65.

Trichopilia
tortilis.

Trichosporum. V. Æschynanthus.

Tricololæna
teneriffæ.

Tricyrtis
hirta (*Uvallaria hirta*. . . 1 »
— nigra. . . . . 3 »

Triphasia
trifoliata (*Limonia trifol.*).. 5 »

Tripsacum. V. Graminées, pag. 69.

Tristania
conferta.
depressa (*Trist. prestoniensis*).
macrophylla.

Trithrinax. V. Palmiers, pag. 80.

Tritoma
Burchellii.
media (*Veltheimia sarmentosa*).
uvaria (*Kniphofia aloïdes*).

Trollius
europæus (*Tr. altissimus*).

Tropocolum
brillant . . . . » 50
compactum coccineum. . . . 1 »
éclipse. . . . . 1 »
fl. pleno. . . . . » 50
luciferum . . . . » 50
majus. . . . . » 50
Miss Nelson.. . . . . . . » 50
nanum . . . . » 50
tricolor.

Tulipa. V. pag. 94.

Tunica
Saxifraga.

Tupa
bicolor (*Siphocampylus bic.*). 1 »

Turnera
elegans . . . . 1 »

Tussilago
cristata.
Farfara.
japonica (*Senecio Kampferi*).
vulgaris.

Tweedia
cœrulea (*Oxypetalum cœruleum*).

Tydæa. V. Gesnériacées, pag. 68.

Typha
augustifolia (*Typh. minor*).
latifolia.
minima.

Typhonium. V. Aroïdées, pag. 44.

COLLECTIONS.

ACACIA ET MIMOSA.

armata	1	»
— paradoxa	1	»
Bartheriana.		
celastrifolia.		
coriophylla?		
cultriformis (*Glaucophylla*).		
cyanophylla.		
Cyclopis.		
dealbeata'.	1	»
dodoneæfolia	1	»
dolabriformis.		
Douglasii	1	»
exudans?		
Farnesiana.		
glomerata.		
grandiflora.		
heteroclita (*Saligna*)	1	»
horrida.		
impressa	1	»
Latrobeii.		
Lebbek.		
longifolia	1	»
longissima	1	»
lophantha	1	»
lunata	1	»
Melanoxylon	1	»
melongenoides	1	»
mollissima.		
mucronata.		
Neumannii	1	»
pudica	1	»
rotundifolia	1	»
salicina.		
sensitiva	1	»
sp.? Blackwathel.		
verticillata	1	»
vestita (*Sainte-Hélène*).		

AMARYLLIS HYBRIDA.

Alphonse Karr	12	»
Augusta	12	»
Barillet-Deschamps	12	»
Baron Gros	7	»
— Haussmann	18	»
Crésus	7	»
Duchesse de Cambacérès	18	»
emicans minor	7	»
eximia	7	»
gloire de Versailles	12	»
grandiflora coccinea	12	»
— superba	12	»
Madame Remilly	7	»
Marguerite Rigaud	7	»
marmorata elegans	12	»
Napoléon III	18	»
Prince d'Orange	7	»
peruviana elegans	18	»
psitacina major	12	»
spectabilis rosea	7	»
Van-den-Hecke	12	»
Venus	12	»
Walton	7	»

ARALIACÉES.

AROÏDÉES.

Caladium (*suite*)

formosum . . . . 1 »
hastatum. . . . . 1 »
macrophyllum . . . . 1 »
marmoratum. . . . . 1 »
mirabile . . . . 2 »
Neumannii . . . . 2 »
pictum. . . . . 1 »
prœcile. . . . . 1 »
Schillerianum. . . . . . . 3 »
Schmitzii. . . . . 1 »
sp.? *de Parima.*
Thelemannii. . . . . 1 »
Veitchii . . . . 1 »
Verschaffeltii. . . . . . . 1 »
Wendlandii. . . . . 1 »
Wightii . . . . 1 »

Colocasia

albo violacea. . . . . . . 3 »
antiquorum. . . . . 2 »
appendiculata (*Xanthosoma*). 5 »
atrovirens . . . . 2 »
Barilletii.
bataviensis. . . . . 1 »
Boryi . . . . 3 »
esculenta. . . . . 1 »
euchlora.
maracaïbensis.
nymphæfolia . . . . 3 »
odora. . . . . 2 »
Sallieril. . . . . 2 »

Dieffenbachia

auriculata . . . . 5 »
Baraquiniana. . . . . . . 10 »
costata. . . . . 5 »
gigantea.
Seguine . . . . 3 »
— caule maculata. . . . 3 »
— picta. . . . . 3 »
Weirii.

Homalonema

rubescens . . . . 5 »
Wendlandii. . . . . 10 »

Lasia
heterophylla.

Massovia
cannæfolia .

Monstera
Adansonii.
deliciosa (*Philodendron pertusum*).

Philodendron

albo-vaginatum.
Appunianum.
bipinnatum.
borbonicum.
cardiophyllum.
cannæfolium (*Spatiphyllum*).
crinipes.
discolor . . . . 1 »
elegans.
fessum.
Fontanesii.
giganteum. . . . . 3 »
grandiflorum.
grandizolum.
Hollonianum . . . . 5 »
Imbe.
incisum.
lacerum. . . . . 1 »
latifolium (*du Brésil*).
macrophyllum.
pertusum. . . . . 5 »
pinnatifidum.
quercifolium.
Sellowii.
Simsii.
sp.? *Liervalii.*
— *Rendatlerii.*
— *Thibaut et Keteleerii.*
spinosum. . . . . 10 »
tripartitum. . . . . 3 »

Pothos

acaulis. . . . . 10 »
argyræa. . . . . 2 »
cannæfolia (*Spatiphyllum*).
cordata . . . . 2 »
— sp.?
filifolia.
glauca. . . . . 50 »
linguæformis. . . . . . . 20 »
longifolia.
lucida. . . . . 3 »
pentaphylla.
reflexa .
sp.? (*Museum*).
violacea (*Anthurium*).
viridis. . . . . 3 »

Remusatia

vivipara. . . . . 2 »

Sauromatum

guttatum. . . . . 1 »

Schismatoglottis
pictus. . . . . 8 »
variegata. . . . . 4 »
Schizocasia
Porteana. . . . . 15 »
Scindapsus
pinnatifidus.
Spatiphyllum.
caudatum.
Frederickii.
Steusnera
colocasiæfolia.
Syngonium
auritum (*Auritum*).
Schottianum . . . . 5 »
tripartitum.
Tornelia
fragrans (*Monstera deliciosa*).

Typhonium
divaricatum.
Xanthosoma
appendicula (*Colocasia*).
atro-virens (*Colocasia*).
bellophylla.
divaricata. . . . . 5 »
erubescens. . . . . 1 »
hastæfolia. . . . . 2 »
Lowii . . . . 1 »
maculata.
Malfaffa.
nigrescens . . . . 2 »
pilosa. . . . . 2 »
sagittæfolia . . . . 2 »
sp.? *Sierra-Leone*.
versicolor . . . . 1 »
violacea . . . . 1 »

AZALEA INDICA.

A. Borsig (*Mardner*).
Admirabilis.
Admirable.
Admiranda.
Admiration.
Alba Cinota (*Ivery*).
— Loasiana.
— Lutescens.
— Miranda.
— Multiflora.
— Suprima.
Albertus.
Alexandre II.
Alphonsiana (*Van Houtte*).
Amabilis.
Antoinette Thelemann.
Ardens..
Atrosanguinea..
Augustissima.
Baron de Prêt (*Van Houtte*).
— de Vrières (*A. Verschaffelt*).
Baronne de Rothschild.
Beauté de l'Europe (*Demarcq*).
Beauty of Riegale..
Belle Gantoise (*Vervaene*).
— Jeannette (*Vervaene*).
Bellerophon.
Bernhard Andrea (*Mardner*).
Bijou de Gand (*J. Verschaffelt*).
Brillant (*Scheuermann*).

Burlington.
Caryophylloides (*Scheuermann*).
Cateritea.
Cedo nulli.
Charles Enke (*Verschaffelt*).
Chelsoni.
Ciliata..
Clapham beauty (*Todman*).
Clara.
Clémentine Vervaene (*Vervaene*).
Coccinea Superba.
Comte de Hainaut (*Vervaene*).
Comtesse de Thun.
Coquette de Flandre (*Delmotte*).
Correcta (*Mardner*).
Crispiflora rosea (*Todman*).
Criterion (*Ivery*).
Dewitteana.
Directeur Augustin.
Distinction.
Docteur Livingston.
Dona Maria Anna (*Liebig*).
Duc d'Aremberg (*J. Verschaffelt*).
— de Brabant (*Vanloo*).
— de Malakoff (*Boddaert*).
— Adolphe de Nassau (*Mardner*).
Duchesse Adélaïde de Nassau.
— Pauline de Nassau.
Erbprinz Ludwig von Hessen (*Mardner*).
Erbherzog Johann (*Rintz*)

Etendard de Flandre *(Vervaene)*.
Etoile de Gand *(Spac)*.
Eulalie Van Geert *(A. Van Geert)*.
Exquisita.
— Grandiflora.
— Pallida.
Flag of Truce *(Fadwan)*.
Formosa *(Ivery)*.
Formosissima Striata.
Frédéric Breuil *(Mardner)*.
— Dreysse.
Frosti.
Furstin Helena von Woldeck *(Mardner)*.
Géant des batailles *(A. Verschaffelt)*.
Gigantea.
Gledstanesi.
Gloire de Belgique *(Vervaene)*.
— Ledeberg *(Vervaene)*.
Glory of Sunning hill.
Goëthe..
Graffin von Thun.
Grata *(Rintz)*.
Herculus *(Vervaene)*.
Hermine *(Delmotte)*.
Ida Liebig.
Impératrice Eugénie.
Iveryana *(Ivery)*.
— Albo Cincta *(Cœne)*.
Johan Metzger *(Liebig)*.
Juliana.
Leeana.
Leonora *(Schultz)*.
Léopold Ier *(Vanloo)*.
Liliiflora.
Lion Belge *(Vervaene)*.
Lord Raglan.
Loreley *(Mardner)*.
Louis De Smet.
— Napoléon *(Henderson)*.
Louise Marie.
— Margottin.
Ludwig H. Wolf *(Rintz)*.
Maculata punctata.
Madame Amb. Verschaffelt *(A. Verschaffelt)*.
— Michel.
— Miellez *(de Marcq)*.
Mademoiselle Selma.
Magnifica.
Magniflora *(Spac)*.
Malvina.
Marie Louise.
— Vervaene *(Vervaene)*.
— Von Schœmberg.

Mars *(Kinghorn)*.
Méda *(Mardner)*.
Mirabilis.
Modèle *(Demarcq)*.
Narcissiflora.
Nathalia.
Novelty.
Obscura.
Obtusa.
Optima *(Knight)*.
Papilionatima *(Vervaene)*.
Pauline Mardner *(Vervaene)*.
Pelargoniflora *(Vervaene)*.
Perfecta elegans.
Perfection *(Kinz)*.
Perryana.
Petuniaeflora *(Vervaene)*.
Président Claeys *(Vandercruyssen)*.
Prince Albert.
— Of Orange *(Todman)*.
Princesse Bathilde d'Anhalt Dessau *(Mardner)*.
— Frédéric d'Anhalt Dessau *(Mardner)*.
— Ida d'Anhalt Dessau *(Mardner)*.
— Royale *(Rollinson)*.
Prinz Franz Joseph *(Mardner)*.
Professeur Koch *(Mardner)*.
Purpurea lineata.
Queen of perfection.
— of Wiles *(Ivery)*.
— Victoria *(Spac)*.
Quentin Durward *(Boddaert)*.
Reine des Belges *(Verschaffelt)*.
— des Panachées *(De Witte)*.
Rhenania *(Mardner)*.
Roi des blancs *(Verschaffelt)*.
— des Doubles *(Boddaert)*.
— Léopold *(Vandercruyssen)*.
Rosea alba *(Gaines)*.
— Illustrata *(Van Coppenolle)*.
— Magna.
Roseaflora alba.
Rosy Circle *(Ivery)*.
Rubens *(Vervaene)*.
Salmonea alba Cincta *(Van Houtte)*.
Schoene Mainzerin *(Mardner)*.
Semi Duplex Macula *(Smith)*.
Sir Henry Harelock.
Souvenir de l'exposition.
Stanleyana.
Striata formosissima nova.
Symetry.
Tenella.

Teutonia *(Mardner)*.
The Bride.
— Gem.
Thusnelde *(Mardner)*.
Toilette de Flore *(Delmotte)*.
Triomphe de Gand *(J. Verschaffelt)*.

Valeriana.
Variegata..
Vesta.
Victoria.
Vittata.

BEGONIA.

Andreii	1	»	miranda	1	»
argyrostigma	1	»	nebulosa	1	»
Bettina Rothschild (*Xanthina*)	1	50	opulifolia	1	»
bulbosa	»	50	peponiæfolia	1	50
carolinæfolia	1	»	prestoniensis	»	75
Charles Morren	1	»	Président Van den Hecke	2	»
cinnabarina	1	»	Prince Troubetzkoy (*Xanthina*)	1	50
dædalea	2	»	Princesse Alix	2	50
Digswelliana	2	»	— Charlotte	1	50
Directeur Regel	1	»	prostrata	1	»
discolor	»	50	Reichenheimii	1	50
— hybrida	1	»	Rex	1	»
Dregeii	1	»	ricinifolia	»	75
Duchesse de Brabant	1	75	— maculata	1	50
fuchsioïdes	»	50	Royleii	1	»
— alba	1	»	sanguinea	1	»
— miniata	»	50	semperflorens	1	»
Funkii	1	50	splendida argentea	1	»
grandis	1	»	stigmosa	1	»
Griffithii	1	»	subpeltata albo rubra	1	»
hybrida	1	»	— albo viride	1	»
hydrocotylæfolia	1	»	— rubra	1	»
Ingrahmii	»	50	— viride	1	»
imperialis	1	»	tomentosa	2	»
Laperousii	1	»	urania	1	»
Leopardina	1	50	velours épinglé	2	»
Leopoldii	1	50	Verschaffelfii	1	»
ongipila	1	50	Victoria	1	»
lucida	1	»	Wagnerii	2	»
macrophylla	1	»	Xanthina splendida	1	»
manicata	1	»	Zebrina	1	»
— palmata	1	50			

BROMÉLIACÉES.

Portea
Kermesina.

Pourretia
mexicana.
pulchella.
tortilifolia.

Puya
Altensteinii.
recurvata.

Tillandsia
acaulis..
— fol. viridis zonata.
acuminata.

Tillandsia (*suite*)
amæna.
bivittata.
carnea (*Hechtia*).
cyanea.
discolor.
irioïdes.
splendens.
vittata.
zebrina.

Vriesia
glaucophylla.
psittacina.
splendens.

CACTÉES.

Cereus
1 azureus.
2 Bonplandii.
3 cæsius.
4 candicans.
5 cinerascens.
6 colubrinus.
7 Huoltii.
8 leptacanthus.
9 Mac Donaldii.
10 marginatus.
11 Martinii.
12 niger.
13 nycticalus.
14 ocampolus.
15 pentalophus.
16 peruvianus monstruosus.
17 pterogonus.
18 tortuosus.
19 triangularis.
20 tuberosus.
21 virens.

Echinocactus
22 aculeatus.
23 anfractuosus.
24 Cachetianus.
25 cornigerus.
26 denudatus.
27 gibbosus.
28 Honvillii.
29 mamillosus.
30 Ottoniana.

Echinopsis
31 multiplex.
32 Pentlandii (*carneus marginatus*).
33 turbinatus.

Epiphyllum
34 Ruckerianum rubrum.
35   —   superbum.

Mamillaria
36 centricirrha (*versicolor*).
37 cirrhifera.
38 decipiens.
39 discolor phæotricha.
40 dolichocentra (*tetracantha*).
41 glochidiata.
42 gracilis.
43 longimamma.
44 polyedra.
45 polythele.
46 procera.
47 pusilla multiceps.
48 spinosissima.
49 tenuis.
50 Wildiana.
51   —   monstruosa.

Melocactus
52 monstruosus.

Opuntia
53 clavarioïdes monstruosa.
54 involuta.
55 leucotricha.
56 polyantha.

Opuntia (*suite*)
57 robusta.
58 rubescens.
59 sulphurea (*Mendoza*).

Pereskia
60 grandifolia.
61 subulata.

Phyllocactus
62 biformis (*Disocactus biformis*).
63 crenatus.

Pilocereus
64 senilis.

Rhypsalis
65 funalis.
66 pentaptera.
67 rhombea.

CALCEOLARIA.

Abbé le Berriays	1 50	James Venning Esq'	1 50
billoquet	1 »	Jules César	1 50
Bourdaloue	1 »	Lord Brougham	1 50
Cardinal de Bonald	1 50	modèle	1 50
Charlemagne	1 50	M. Berryer	1 50
Charles Van Geert	1 50	M. Henry Colville	1 50
Clio	1 50	Mozart	2 »
colonel Swith	» 50	préfet Prou	1 50
Daniel Huet	2 »	Queen of Oude	1 »
Emile Augier	1 50	Reboul	1 »
Etna	1 »	triomphe de Versailles	» 50
Florian	1 »	unique	» 50
Général de Maudhuy	1 50	Yellow Prince of Orange	» 50
Hamel	1 50	sp.? (à *fleur jaune*	» 50

CAMELLIA.

Abd-el-Kader.	Bealii rosea.
Adelina.	Bivro.
Adrien Lebrun.	Borgia.
Africana.	Brozzanii.
alba plena.	Bruciana.
— variegata.	Callinii.
— rosea.	candidissima.
Alloquii.	Carswelliana.
althœflora.	caryophylloïdes.
amabilis.	Ceisiana nova.
Archiduchesse Augusta.	Chalmerii perfection.
— Marie.	Chandlerii.
Arlequin.	— elegans.
Banksiana.	Cinerea.
Barchii.	cleviana rosea.
Barnii.	Clotilde.
Baronne d'Usekem.	Comte de Flandre.

Comte de Paris.
Comtesse de Castelbarco.
— de Hatzfeld.
— of Orkney.
— Ottolini Franciettii..
— Lambardo.
— de Spose vera.
coronata crispata rosa.
cruciana.
dahliæflora.
decora nova.
de la Reine.
delicatissima.
Devriana.
Donklarii.
Don Michel.
Duc de Bretagne.
— de Chartres.
— d'Orléans.
Duchesse d'Orléans.
Dunlop's americana.
elegans Chandelerii.
Elena Ugoni.
Elisa.
Emilia Campioni.
— Gavasii.
Empereur Alexandre.
Empereur Napoléon III.
Enrico Bettonii..
eximia.
fimbriata.
florida.
Fordii.
fra Arnoldo di Brescia.
fran furtensis.
Frederici alba.
Futing.
Général Drouot.
— Lafayette.
grandis.
Granellii.
Guillaume-Tell.
Hendersonii.
heteropetala alba.
— rubra.
imbricata.
imperialis.
incarnata.
insubria.
Jacksonii.
Jaffa.
jardin d'hiver.

Jenny.
Jeffersonii.
jubilée.
Jupiter.
Lady Eleonor Campbell.
— Henriette.
Landretthii.
latifolia.
leana superba.
Lefebvriana.
lucida.
Madame Tampounet.
— Wilder.
Mademoiselle Mocynart.
magna flora.
magnifica rubra.
Mancii.
Marchesa.
Marchioness of Exeter.
Marguerite Gouillon.
Marie Thérèse..
Marie Van-Houtte.
Mathotiana.
Mazza vera.
Mazuchellii.
miniata.
Monsieur Favre.
Mont-Blanc.
Montironii.
Monarck.
Mollier d'Italia.
mutabilis Traversii..
myrtifolia rosea.
Napoléon III.
nec plus ultra.
negri.
nobilissima.
Parnii.
Parmenthierii.
Philippe.
picturata.
Pie IX.
Pensylvanica.
pomponia alba.
— mutabilis.
Prince Albert.
— de salerne.
Princesse Bacciocchi.
princessa Maria Pia.
Pulaskii.
Queen of Danemark.
Rappalino.

reine des Belges.
— des fleurs.
reticulata.
rigularis imbricata.
Robertii savania.
roi des blancs.
rosea perfecta nova.
Rubens.
rubescens striata.
Sacco nova.
Scherwoodii.
Sovereing.
Spofortiana.

Storeyi.
Torniellii.
Theophilla.
Traversii.
tricolor.
triumphans.
Valteveredo.
variegata..
vexilla di flora.
Victoria alterpensis.
violacea.
Walter Frédéric.
woodsia.

CANNA.

Nom	fr	c
Achyras.	1	»
Amélia	1	»
Anneci.	»	50
— bicolor.	1	»
— discolor.	1	»
— floribunda.	1	»
— fulgida.	1	»
— marginata.	1	»
— nana.	1	»
— rosea.	2	»
— rubra.	1	»
— sanguinea.	1	»
— superba.	1	»
atro-nigricans	5	»
aurantiaca splendida.	1	»
— zebrina.	1	»
Barilletii *(livrable en 1867)*.		
bicolor floribunda.	1	»
Bihorelli.	1	»
Bonnetii.	1	»
— major.	5	»
— semperflorens.	5	»
caledoniensis.	1	
caledonis peltata.	1	50
Chatéii discolor.	1	»
— grandis.	1	»
compacta.	1	»
député Henon.	5	»
discolor.	1	»
— floribunda.	1	»
— nobilis.	1	»
— violacea.	1	»
edulis.	1	»
elegantissima rustica.	1	»

No	Nom	fr	c
	excelsa zebrina.	1	»
	expansa.	1	»
	— rubra.	2	»
99	gaboniensis.	5	»
75	géant (V. H.).	1	»
10	gigantea.	1	»
111	— rubra.	1	»
88	— vera.	4	»
162	glauca *(de Guatemala)* 1867.		
51	grandiflora floribunda.	1	»
112	grandis.	1	»
92	Hosteii	5	»
11	Houlletii	1	»
34	imperator	2	»
47	indica.	1	»
55	insignis.	5	»
62	involventiaefolia.	1	»
12	iridiflora.	3	»
57	— rubra	5	»
44	Krelagelii discolor.	1	»
16	Lavalleii.	1	»
93	Lemoinei.	5	»
15	Liervalii.	1	»
76	— nobilis.	1	50
14	liliiflora.	5	»
13	limbata hybrida	1	»
82	major.	1	»
17	macrophylla	1	»
13	— zebrina.	1	»
32	madame Année.	1	50
50	Maréchal Vaillant.	5	»
104	maxima.	2	»
67	metallica.	2	»
71	metallicoides.	5	»

85 mexicana . . . . 1 »
100 musæfolia . . . . 3 »
20 — excelsa . . . . 1 »
19 — gigantea 1 50
18 — hybrida . . . . 1 »
21 — edulis . . . . 1 »
54 — peruviana . . . . 1 »
97 nana superba . . . . 3 »
86 nepalensis 1 50
94 — grandiflora . . . . 3 »
17 nervosa . . . . 1 »
22 nigricans 1 50
48 patens bicolor . . . . 1 »
24 peruviana . . . . 1 »
23 — hybrida . . . . 1 »
61 picturata nana . . . . 1 »
60 Pie IX (*Rantonnet*) . . . . . 1 »
95 Plantierii . . . . 5 »
25 Porteana . . . . 1 »
45 prémices de Nice . . . . 5 »
42 purpurea aurantiaca . . . . . 1 »
103 — hybrida (1867) .
73 — spectabilis . . . . 1 »
58 Randatlerii . . . . 2 »
89 Revesii 1 50

26 robusta . . . . 1 »
27 rotundifolia rubra . . . . . . 2 »
113 rubra nervia . . . . 1 »
78 — perfection . . . . 1 »
114 — rubricaulis 1 50
80 — superbissima . . . . 1 »
79 rubricaulis . . . . 1 »
28 spectabilis . . . . 1 »
63 Thibautii . . . . 5 »
29 triomphe de Nantes . . . . . . 1 »
33 Van Houtteii 1 50
90 violacea superba . . . . 5 »
35 Warscewiczioïdes . . . . » 50
115 — major . . . . 1 »
37 zebrina . . . . » 50
116 — elegantissima . . . . 1 »
40 — glauca . . . . 1 »
41 — *gros zébré* . . . . 1 »
30 — nana . . . . » 50
39 — nova . . . . 1 »

Les variétés cotées 1 *franc seront livrées
comme suit :*

12 variétés . . . 10 »
25 — . . . 15 »

CHRYSANTHEMUM.

Abbé Passaglia.
ami Feille.
aparica.
Bella Donna.
Bernard Palissy.
Bonamy aîné.
boule d'or.
Bronze dragon *Japonaise*.
Caméléon.
Camille Flammès.
Cardinal *Rendatler* .
— Antonelli.
— Wiseman.
Célina.
Cinderella.
Cléopâtre.
dernier adieu.
docteur Clos.
Donald *Beaton* .
Daribert.
Edwin Landseer.
Emilie Faborel.

Empress.
Firefly.
Florence Mary.
— Nightingale.
Général Bainbridge.
Golden Circle.
— — Eagle.
Grandiflorum *Jap.* .
Grange Lodge Rival.
Henriette Flammès.
Her Majesty.
Holman Hunt.
indicum fol. arg. varieg.
Jacques Flammès.
japonicum (*Jap.*) .
Justine Tessier.
lacianatum *Jap.* .
Lady Slade.
Lalla Rouck.
le Camoens.
little Année.
Lizzie Holmes.

Lord Clyde.
Louise Tessier.
Madame Bénares.
— Smith.
Mademoiselle Thérèse Olivier.
Marmouset.
Mimi Crouzat.
Mirabeau.
Mirmido.
Miss Nightingale.
Mistress Aliburton.
— E. Miles.
Monica.
Monsieur Domage.
— Passagnel.
— Pethers.
Pâques-fleuries.
Pompon Delamarre.
Prince of Wales.
Princesse Alexandra.
Prométheus.

Purple Novelty.
rosella.
roseum punctatum (*Jap.*).
Saint Patrick.
Sam Slick.
Samuel Broom.
sanguinea.
Saumarez.
sensation.
Sir Stafford Carey.
souvenir d'un ami.
suavita.
vésuve.
viola.
Victor Hugo.
Yellow Dragon *Jap.*).

Prix : *la pièce* . . . . . . 1 »
       12 variétés. . . . 10 »
       25 variétés. . . . 15 »

CYCADÉES.

Catakidozamia (*Katakidozamia*)
  Mackensi.

Ceratozamia
  muricata.
  mexicana.
  Miqueliana (*Zamia*).
  spiralis.

Cycas
  circinalis.
  humilis.
  caledonica.
  revoluta.
  Ruminiana.
  Rumphii.

Dion
  edule (*D. aculeata*).

Encephalartos (*Zamia*)
  Altensteini.
  caffra.
  horrida.
  Lehmannii.

Macrozamia
  muricata (*Zamia*).

Zamia
  Altensteini.
  caffra.
  coccinea.
  cycadæfolia.
  eriolepis.
  fusca.
  — Ghiesbreghtii.
  — latifolia.
  horrida.
  integrifolia.
  Lehmannii.
  longifolia.
  Miqueliana (*Ceratozamia*).
  muricata.
  picta.
  plumosa.
  sp. ?
  spiralis.

CYCLANTHÉES.

Carludovica

 bipartita (*Cyclanthus*).
 canvosa cunughis.
 latifolia.
 Moritziana.
 palmata.)

Carludovica (*suite*)

 plicata.
 Wendlandii.

Cyclanthus

 bipartitus (*Carludovica*).

CYPRIPÉDIÉES.

Cypripedium

 barbatum . . . . 5 »
  Crossii . . . . 5 »
 — grandiflorum.
 — majus.
 — multiflorum.
 — nigrum.
 — sp.? *Mont-Ophir.*
  superbum.
 — varietas.
 — verum.
 Bullenianum.
 concolor.
 Fairicanum.
 hirsutissimum.
 Hookeræ.
 insigne . . . . 3 »
 — Chantinii.
 — Maulei.

Cypripedium (*suite*)

 Javanicum.
 lævigatum.
 Lowii.
 purpuratum.
 purpureum.
 Stonei.
 superbiens (*Veitchii*).
 venustum.
 villosum.

Selenipedium

 caricinum.
 caudatum.
 — roseum.
 Pearcei.
 Schlimii.

Uropedium

 Lindenii .

DAHLIA.

1 alba nana flore pleno.
2 Anna Keynes.
3 Andrew Dodd.
4 Annie Weeks.
5 athlète.
6 Attila.
7 baronne de Lamartinière.
8 bird of passage.
9 Black doctor.
10 Black prince.
11 blondine von d'Elstersthal.

12 Bob Ridley.
13 caractecus.
14 Charles Rouillard.
15 — Turner.
16 Charlotte Dorling.
17 confidence.
18 coquette.
19 crimson beauty.
20 deutsche bellis.
21 — Liebesröschen.
22 Dinter.

23 Ebor.
24 Edwards purchase.
25 Etonia.
26 Fairy Child.
27 Fanny.
28 formidable.
29 Freund Benary.
30 Fürstin Lobkwitz.
31 Garibaldi.
32 gloire d'Evecquemont.
33 — de Ménilmontant.
34 — de Paris.
35 Golden admiration.
36 — Bridder.
37 Grossherzog Peter von Oldenburg.
38 Gruss au Francfur:.
39 Harry.
40 Hero.
41 honorable miss Herbert.
42 — mistress Trotter.
43 imperialis.
44 John Watt.
45 Juno.
46 Klein Liebchem Mein.
47 Kleine Albertine.
48 — Virginie.
49 Kleiner Rudolphe.
50 König Max von Bayeren.
51 Laïs.
52 lady Palmerston.
53 la perle.
54 l'Europe.
55 Liliput prinz.
56 Little Love.
57 Little Wonder.
58 Lizzie Jane.
59 lord Clyde.
60 Louise Rouillard.
61 Lubin Cadot.
62 Madame Basseville.

63 Madame Clément Sauvage.
64 — Dufoy (L.).
65 — Leclerc (Adam).
66 — Mézard.
67 — Loain.
68 mandarin.
69 Mantes (la ville de).
70 Mohrenkind.
71 Monsieur Barre.
72 — Malet.
73 — Massé.
74 — Mézard.
75 Mrs Hogg.
76 Mss Boshell.
77 Nima Vanotti.
78 nonsuch.
79 Polly Fawcett.
80 président Brongniart.
81 princess.
82 princesse Alice.
83 — Mathilde.
84 Prospero.
85 Queen of Summer.
86 Rose von Duppel.
87 Roundhead.
88 Sam Bartlett.
89 souvenir de Monsieur Duflot.
90 Startler.
91 Surety.
92 Suzette.
93 the bride.
94 the pet.
95 triumph.
96 Una.
97 variegata.
98 venusta.
99 Vesuvius.
100 ville de Saint-Germain.
101 white perfection.

DRACÆNA.

acuminata.
angustifolia.
arborea.
Aubriana.
australis . . . . 1 »
— latifolia.
— fol. variegatis.

Banksii.
Brasiliensis. . . . . 1 »
calaucoma.
cannæfolia.
cernua. . . . . 1 »
cœrulea.
concinna. . . . . 2 »

congesta.
Cooperii.
Daneelsii.
densiflora.
Draco. . . . . 3 »
— Boerhavii.
Ehrenbergii.
elegans.
elliptica.
ensifolia.
erythrorachis.
ferrea. . . . . 1 »
fragrans.
fragrantissima.
fruticosa.
fussiflora.
gracilis . . . . 3 »
guatemalensis.
indivisa . . . . 5 »
— cordyline.
— lineata.
javanica maculata.
Knerchiana.
latifolia.
— pendula. . . . . 3 »
lineata.
limbata.
longifolia.

marginata.
— latifolia. . . . . 2 »
mexicana.
nigra.
nigricans. . . . . 5 »
nobilis.
oculata.
paniculata longifolia.
— brevifolia.
phrynioïdes.
punctata (*Stenophylla* . . . 3 »
reflexa. . . . . 2 »
rigidifolia.
robusta . . . . 10 »
rubra. . . . . 1 »
Rumphii.
salicifolia.
siamensis.
Sieboldii.
sp.?
spectabilis.
stricta. . . . . 2 »
terminalis . . . . 2 »
— rosea. . . . . 2 »
tessellata. . . . . 2 »
umbraculifera . . . . 10 »
Veitchii.

EPACRIS.

1 ardentissima.
2 campanulata.
3 candidissima.
4 ceræflora.
5 coccinea pudiflora.
6 compacta alba.
7 grandiflora.
8 hyacinthiflora alba.
9 — rosea.
10 impressa.
11 — carnea.

12 longiflora.
13 magnifica.
14 miniata.
15 multiflora.
16 onosmæflora.
17 palida.
18 paludosa.
19 pulchella.
20 pungens.
21 splendens.

ERICA.

1 acuminata longiflora.
2 æmula.
3 affinis.
4 agurgens.
5 altonia turgida.
6 — Turnbullii.
7 Alberti superba.
8 alopecuroides.
9 ampullacea carnumberta.
10 — hybrida.
11 — major.
12 — obbata.
13 — scottica.
14 aristata major.
15 — superba.
16 austiniana.
17 australis.
18 bandonia.
19 boccans.
20 Browneana.
21 Burnettii.
22 californica.
23 campanulata.
24 — lutescens.
25 candidissima.
26 Candolleana.
27 Cavendshii.
28 cerinthoïdes coronata.
29 — major.
30 Clowesiana.
31 cubica.
32 cupressina.
33 cylindrica.
34 — superba.
35 depressa.
36 — multiflora.
37 Devoniana.
38 *Ditonia? Turnbullii?*
39 Douglasii.
40 drastans.
41 eassonia purpurea.
42 echiflora purpurea.
43 elegans.
44 empta.
45 eximia.
46 Fairrieana.
47 fastigiata lutescens.

48 ferruginea.
49 — major.
50 flammea.
51 florida.
52 gemminiflora.
53 — major.
54 gracilis autumnalis.
55 — vernalis.
56 Hartnerii.
57 Hendersonii.
58 hyemalis.
59 janescens.
60 — major.
61 infundibuliformis.
62 inflata compacta.
63 intermedia.
64 Irbyana.
65 Jacksonii.
66 jasminiflora alba.
67 Juliana.
68 — rubra.
69 kigerminens.
70 Linnæa varia.
71 — nova.
72 Maidstonensis.
73 mammosa purpurea.
74 — sombrosa.
75 — superba.
76 — verticillata.
77 Marnockiana.
78 Massonii major.
79 — Mac Nabiana var.
80 Mac Nabiana.
81 Mediterranea herbacea.
82 — rosea.
83 metulaeflora bicolor.
84 mirabilis.
85 monodolpha.
86 oblata.
87 — purpurea.
88 — umbellata.
89 Parmentieriana.
90 — rosea.
91 Paxtonii.
92 persoluta alba.
93 — glauca.
94 — rosea.

95 persoluta rubra.
96 Pirronii floribunda.
97 plumosa.
98 profusa.
99 princeps carnea.
100 pyramidalis.
101 retorta major.
102 Rolissonii.
103 rubella.
104 scabriuscula.
105 Shannonii Turnbull's var
106 Sindryana.
107 spenceriana.
108 sulphurea.
109 Thompsoniana.
110 translucens rosea.
111 — rubra.
112 transparens nova.
113 tricolor Barnesii.
114 — elegans.
115 — Holfordii.
116 — Leeana.
117 — major.

118 tricolor rosea.
119 — rubra.
120 — speciosa.
121 — Turnbullii.
122 — W. Elsonii.
123 — — superba.
124 — vera.
125 tubiflora coccinea.
126 vasiflora venosa.
127 ventricosa coccinea.
128 — — minor.
129 — magnifica.
130 — porcelana.
131 — superba.
132 Verniæ ovata.
133 Vernonii.
134 vestita alba.
135 — coccinea.
136 Victoria.
137 vigridia.
138 villosa.
139 Vilmoriniana.
140 Viscaria.

ERYTHRINA.

Bidilliana	1	»	ornata	2	»
conspicua	2		pallida	3	»
collyana	2	»	profusa	2	»
crista gallii	1		ruberrima	1	»
floribunda	1	»	sp.? *Brasiliensis.*		
glauca	5	»	— *Senegalensis.*		
Hendersonii	1	»	speciosa.		
laurifolia	1	»	Todaro.		
macrophylla	2		— varium.		
Marie Bellanger	1				

EUCALYPTUS.

amygdalina	1	50	odorata angustifolia	2	»
— argentea	2		piperita	2	»
— calophyllus	2		Queen of queens	2	»
— capitellata	2		Resdonii	2	»
coriacea	2		Rokingham	2	»
colossea.			rostrata	1	»
corynocalix	1		salicifolia	1	»
giganteus	1	»	Sideroxylon	2	»
globulus	1	»	— sp.? *de la Nouvelle-Hollande.*		
odorata	1	»	strictus	1	»

FICUS.

acuminata .
Afzelii . . . . 5 »
aggregata . . . . 2 »
amazonica . . . . 5 »
arbutifolia . . . . 1 »
auriculata . . . . 2 »
australis . . . . 1 »
barbata . . . . 1 »
begoniæfolia . . . . 1 »
bengalensis . . . . 2 »
Benjaminea . . . . 2 »
brasiliensis . . . . 5 »
Brasii . . . . 5 »
campaneuro . . . . 5 »
capensis . . . . 1 »
catalpæfolia (*urostigma*) . . . 5 »
cerasiformis . . . . 4 »
cestrifolia . . . . 1 »
Chauvierii . . . . 10 »
collina.
comestible (*de M. Moore*).
Cooperii 1 50
cordifolia . . . . 3 »
coronata.
costaricensis.
denticulata (*quercifolia*) . . . 1 »
dolica.
elastica 1 50
elegans . . . . 2 »
elliptica . . . . 1 »
ferruginea.
— nova.
gardeniæfolia . . . . 1 »
gigantea.
glaucophylla.
glumacea 2 50
Grellei . . . . 10 »
heterophylla . . . . 1 »
hispida . . . . 1 »
Horsfieldii.
Hugellii.
imperialis (*artocarpus*) . . . 5 »
indica . . . . 2 »
japonica.
javanica.
laurifolia . . . . 2 »

Leonensis . . . . 2 »
Leopoldii.
leuconeura . . . . 2 »
lævigata . . . . 1 »
lævis . . . . 1 »
lucens . . . . 1 »
macrocarpa . . . . 2 »
macrophylla.
maxima.
mollis.
neriifolia . . . . 1 »
Neumanii . . . . 3 »
nitida . . . . 1 »
nobilis (*Porteana*) . . . . 3 »
nutans (*F. Rubiginosa*) . . . 1 »
nymphæfolia . . . . 6 »
obtusa . . . . 2 »
oppositifolia.
pellucida . . . . 2 »
pendula . . . . 1 »
pergaminea . . . . 1 »
persicæfolia . . . . 2 »
phytolacæfolia . . . . . . 2 »
pilosa.
populaster . . . . 2 »
populifolia . . . . 1 »
populnea . . . . 1 »
Porteana (*nobilis*) . . . . 3 »
pseudo-nymphæfolia.
purpurascens . . . . 1 »
pyrifolia . . . . 1 »
quercifolia (*denticulata*) . . . 1 »
racemosa . . . . 1 »
ramiflorus.
reclinata.
religiosa . . . . 3 »
repens . . . . » 50
Roxburghi (*Artocarpus Imp.*) . . 5 »
rubiginosa . . . . 2 »
salicifolia.
scabra.
spuria.
stricta . . . . 1 »
subpanduræformis.
Suringarii.
symplitifolium.

sp.? (de Calcutta).
sp.? (nova du Brésil).
sp.? (de Ham).
sp.? M. Michaux.
sp.? (de l'Australie).
sp.? (de Java).
sp.? (Nouvelle-Zélande).
sp.? (Ile Bourbon).
sp.? (Ile Cuba).

sp.? (Brésil).
Sycomorus.
terminalis.
tomentosa.
ulmifolia.
urophylla.
Wagnerii.
Wallichiana.

FOUGÈRES.

*Les Fougères en arbre sont indiquées par le signe * ; celles de serre froide par le signe †.*

Acrophorus
  † chœrophyllus (*Leucostegia*).

Acropteris
  septentrionale (*Asplenium*).

Acrostichum
  alcicorne (*Stenosenia*). . . . 2 *
  aureum (*Platycerium*).
  brevipes (—).
  callæfolium.
  ciliatum (*Elaphoglossum callæfolium*).
  crinitum.
  grande (*Hymenodium*). . . . 15 »
  scandens.
  septentrionale (*Asplenium*).
  † sp? (*aureum*).
  stemmaria.
  sulphureum (*Gymnogramma*). 1 *
  villosum (*Olfersia*).

Actinopteris
  radiata (*Adiantum*).

Adiantum
  asarifolium (*Ad. reniforme*).
  assimile.
  † capillus. . . . . 1 »
  † caudatum.
  chilense.
  concinnum (*Ad. frutescens*). . 1 »
  † cuneatum. . . . . 1 »
  † formosum.
  † frutescens. . . . . 2 »
  † fulvum.
  † lucens.

Adiantum (*suite*)
  lunulatum (*Didymoclæna*). . 1 »
  macrophyllum. . . . . 2 »
  † Moritzianum (*Ad. Capillus*).. 2 *
  † pedatum.. . . . . 2 »
  pendactylon.
  † pubescens (*Ad. plicatum*).. . 2 »
  radiatum.
  reniforme.
  sanctæ Catharinæ . . . . . 2 *
  sulphureum.
  Tenerum. . . . . 1 »
  Willsonii.

Aleuritopteris
  mexicana.

Allantodia
  australis.

Allosurus
  † falcatus (*Platyloma*).
  † rotundifolius (*id.*).

Alsophila
  * australis (*Cyathea*).
  * denticulata.
  * excelsa.
  * infesta.
  * latebrosa.
  * radens.

Aneimia
  hirta.
  † phyllitidis (*Osmonda lanceolata*).

Aneimidicton
  † phyllitidis (*Aneimia phyll.*).

Cænopteris
cicutaria (Asplenium).
fenicula (—)..... 2 »
† japonica (Onychium).
† odontites (Asplenium).
vivipara (—).

Craspedaria
† Chinensis (Nipholobus lingua).

Cyathea
australis (Alsophila).
dealbata (Polypodium).
medullaris.

Cyrtomium
† caryotideum.
† falcatum (Aspidium).

Darea
† Belangerii (Asplenium).... :: »
cicutaria (—).
diversifolia (Asplenium dimor-
  phum).
† novæ Zelandiæ.
† odontites (Cænopteris).
vivipara (Asplenium)..... :

Davallia
Bullata.
canariensis (Trichomanes)... 2 »
† dissecta.
† novæ Zelandiæ (Microlepis).
polyantha.
† pyxidata.
solida (Trichomanes sordidum).
† tenuifolia stricta....... 2 »

Dicksonia
antarctica (Balantium).
gracilis.
† rubiginosa (Sitolobium).
squarrosa.

Dictyopteris
attenuata (Polypodium Brownianum).

Didymochlæna
† lunulata (Adianium)..... 5

Digrammaria
† ambigua (Callipteris malabarica)......... 5 »

Diplazium
† alternifolium.
decussatum (Asplenium).
plantagineum.
proliferum........ 2
pubescens......... 2 »

Diplazium (suite)
Shepherdi (Asplenium striat.). 2
striatum.
† Twaitesii.

Doodia
† aspera.......... 3 »
† lunulata (Dood. Kunthiana). 3 »
† rupesais (Dood. Caudata)... 3 »

Doryopteris
Aleyonis.
nobilis.
palmata........ 5 »

Drynaria
† coronans (Polypodium morbil-
  losum)......... 2 »
sp.? (des îles Philippines).
vulgaris (Polypodium phymotoides).

Elaphoglossum
callæfolia (Acrostichum brevipes).

Eupodium
Kaulfussi (Marattia microphylla).

Goniophlebium
Reinwardii (Polypodium).

Gymnogramma
chrysophylla (Ceratopteris).
— vera.
dealbata.
gracilis.
hybrida
javanica.
lanata.......... 3 »
Laucheana.
Piterminieri.
luteo alba.
Mazonii.......... 1 »
palmata (Hemionitis).... 2 »
peruviana argyrophylia.. 2 »
pulchella.
sp.?
Stelzneriana.
sulphurea (Acrostichum).. 2 »
tartarica......... 1 »
Wettnhalliana.

Hemionitis (Gymnogramma)
palmata.......... 2 »

Hydroglossum
hastatum (Lygodium poly-
  morphum).

Hymenodium
crinitum (Acrostichum).

Hypolepis
  † distans.

Lastræa
  † acuminata.
  - elongata.
  † erythrosora.
  † opaca.
  † Shepherdii.
  † Sieboldii (*Aspidium*).
  varia.

Leptopteris
  superba.

Leucostegia
  chærophylla (*Atrophorus*).

Litrobochia
  tripartita.

Llavea
  † cordifolia (*Ceratodactylis Osmundoides*).

Lomaria
  † alpina (*Stegania Alp.*).
  † crenulata.
  † elongata.
  * falcata.
  † fluviatilis. . . . . 2 »
  - Gibba . . . . 15 »
  - nuda (*Onoclea*).
  † Patagonica (*Lom. Chiliensis*) . . 3 »
  † Patersonii (*Stegania*).
  scandens (*Stenochlæna*).
  † spicans (*Blechnum*).
  terminalis.

Lonchitis
  † pubescens.

Lygodium
  - polymorphum (*Hydroglossum hastatum*).

Marattia
  macrophylla.
  microphylla (*Eupodium Kaulfussii*).

Microlepis
  † novæ Zelandiæ (*Davallia*).
  † scabra.
  † strigosa.

Microsorum
  irregulare (*Polypodium*).

Mohria
  † thurifraga.

Neottopteris
  australasica (*Asplenium*) . . . 5 »
  vulgaris (— nidus).

Nephrodium
  bulbiferum . . . . 3 »
  confluens.
  † — corymbiferum.
  - crispum.
  — cristatum.
  — densum.
  — grandiceps.
  — Lamosum.
  — multifidum.
  — ramosissimum.
  Goldieanum (*Aspidium*).
  † molle (—) . . . . 5 »

Nephrolepis
  davallioides.
  exaltata (*Aspidium*) . . . . . 1 »
  neglecta (—) . . . . . 2 »

Neuropteris
  decurrens (*Polypodium*) . . . . 3 »

Niphobolus
  lingua (*Craspedaria chinensis*).
  Gardneri.

Nothochlæna
  lentigera (*Cheylanthes*).

Oleandra
  hirtella.

Olfersia
  villosa.

Onoclea
  sensibilis.
  nuda (*Lomaria*).

Onychium
  † Japonicum (*Cænopteris*).
  auratum.

Osmunda
  † lanceolata.
  † regalis. . . . . 3 »

Pellæa
  hastata (*Cheilanthes*).
  sporadocarpum (*Polypodium*).

Phegopteris
  sanctæ.

Phlebodium
  aureum.

Platycerium
  alcicorne (*Acrostichum*) . . . 2 »
  grande (— . . . 15 »
  Stemmaria.

Platyloma
  † falcata (*Allosurus*).
  † rotundifolia (— . . . . 2 .

Pleopeltis
  aurea (*Polypodium*) 1
  lepidota.

Polypodium
  appendiculatum . . . . . . 2 »
  aureum (*Pleopeltis*) 1
  Brownianum (*Dictyopteris*).
  Cambricum.
  Catharinae.
  cespitosum (*Campyloneuron*).
  crassifolium.
  concinnum.
  † Cunninghamii.
  dealbatum (*Cyathea*).
  † decurrens (*Neuropteris*) . . . 2 »
  † distans. 2
  dryopteris.
  † effusum.
  glaucum (*Phlebodium sporu-
      cucarpum*).
  irioides (*Microsorum irregulare*).
  † lonchitis (*Polystichum*).
  longifolium (*Pol. Prestianum*).
  † molle (*Aspidium*) 2
  multiflosum (*Drynaria cora-
      nans*) . . . . 2 »
  multifidum (*P. l. divergens*).
  musaefolium 5
  † Phegopteris (*Pol. connectile*).
  phlebeyum.
  phymatoides (*Drynaria vulg.*).
  † plumulam (*Polypodium pecti-
      natum*).
  Reinwardtii (*Goniophlebium*).
  sp.? (Ile Bourbon).
  sporadocarpum (*Pellea*) . . . . 5 .
  trifoliatum (*Aspidium*).

Polystichum
  † angulare cristata.
    — grandiceps.
  † lonchitis (*Polypodium*).
  † mucronatum (*Aspidium triangulare*).
  † proliferum
  † — obtusum.

Polystichum (*suite*)
  sp.?
  stramineum (*Aspidium*).
  subpinnatifidum.
  † vestitum . . . . 2 »

Pteris
  Allosurus.
  † aquilina (*Pteris lanuginosa*) . . 2 »
  argyraea . . . . 2 »
  creti a albo lineata . . . . . , 1 »
  geranifolia . . . . 3 »
  gigantea.
  glaucophylla.
  lentigera (*Cheilanthes*).
  leucophylla.
  † longifolia (*Pt. costata*) . . . 1 .
  † macroptera.
  nemoralis variegata.
  natalis.
  paleacea (*Pteris flabellulata*).
  palmata (— *Amsolaba*).
  rubro nervia.
  † scabernia.
  semi pinnata . . . . 2 .
  † serrulata . . . . 1 »
    — cristata.
    — — variegata.
  † spaulosa (*cretica*) (*Cheilan-
      thes* . . . . 2 _»
  † tremula.
  tricolor . . . . 5 »
  vespertillionis.

Pycnopteris
  † sieboldii (*Aspidium*).

Rumohra
  aspidioides (*Tectaria coriacea*).

Sagenia
  † decurrens.

Scolopendrium
  † officinarum crispum . . . . . 2 »
  † septentrionale (*Asplenium*).

Sigodium
  venustum.

Sitolobium
  † rubiginosum (*Dicksonia*).

sp.? du Brésil (*Arborescente*).

Stegania
  alpina.
  † Patersonii (*Lomaria*).

Stenoclæna
    scandens (*Lomaria*).

Stenosenia
    † aurea (*Acrostichum*).

Tectaria
    coriacea (*Rumohra aspidioïdes*).

Thamnopteris
    nidus avis (*Asplenium*). . . . 2 »

Todea
    pellucida (*Tod. Africana*).

Trichomanes
    † canariensis (*Davallia*).
    sordidum (*D. solida*).

Woodwardia
    † Japonica (*Blechnum*).
    † orientalis.
    † radicans (*Blechnum*). . . . . 5 »

FUCHSIA.

*Les noms précédés d'un * sont à fleurs doubles.*

185 Acidalie.
108 à la mode.
189*alba centrifolia.
69 Alberta.
182 Ambroise Verschaffelt . . . . . . 2 »
3 Amélia de Lachapelle.
163* — Zaubitz.
214 amœna.
136 Anna Bulleyn.
213 Annibal.
4 Annie.
102* — Henderson.
221 — Warren.
112 Applause.
111 Aremberg (Duc d').
196*Amandine Hans.
8 Auguste Thouvenel.
9 Bacchus.
129 Baledoneau.
79 Béatrice.
229 beauty.
12*Belle Rochelaise.
115 Belliance.
212 brillant.
138 Bellone.
137 Béranger.
75 Blue Beauty.
127 Brides maid.
55 Brightness.
173*Camille Bernardin.
133 carminata.
65 carmintina.
19 Carter Meteor.
205 Cerbère.
179 Charles de Decker . . . . 2 »

20 Charles Lambinet.
21* — Robin.
22*Christian.
139*Circé.
219*Comodore.
215*compacta.
23*Comte de Lannoy.
206* — de Loppineau.
24* — de Preston.
25 Comtesse de Morny.
231 C. M. Dodenstein.
26 Conqueror.
27 Conseiller Desvial.
28 — Jourdeuil.
193 Constellation.
29 conspicua.
30 coronata.
31 corymbiflora.
32 — coccinea superba.
33 — foliis variegatis.
34 — virginalis.
172 cymbelia.
217*delicata.
35*de Jollenœre. .
191*diadème.
36 Directeur Cambier.
233 Docteur Jager.
37 — Van den Busch.
181*Duc de Crillon . . . . 2 »
38 Edith.
39*E. G. Henderson.
204 Erinnerung An. Alex. von Humboldt.
40 elegantissima.
225*Empereur d'Autriche.
228 Enoch Arden.

176 Ernest Berthier.
235 Erzherrogin Maria **Theresa.**
222 Eugène Boursier.
41 Etoile Signaris.
175 Excellent.
236 Evangeline.
42 Fairy.
174 Father Ignatius.
195 Fantastique.
169 Fen Moschkowitz.
43 Fibby.
140 Fille de l'Air.
44 Finsbury Volunteer.
45 Floretta.
166 François Herry.
46 François-Joseph Ier.
237 Freiheer von Wiedmann.
223 Frédéric Sontag.
47 fulgens.
48 — rubra.
238 Furst Schwizenberg.
239 Furstin von Dietrichstein.
49 Général Borremann.
194 — Lee.
50 Giboyer.
240 gigantea.
51 Gipsy girl.
170 — Queen.
211 globosa magnifica.
178 Gloire des Marchés.
52 Gloire La.
53 Golden Chain.
212 Goliath.
54 Goschk.
177 Gouverneur Backer.
16 gracilis.
56 grandis.
243 Guillaume le Conquérant.
180 Gustave Heitz 2   »
165 Hector.
168 Heinrich Noack.
208 Hermann.
58 Hermine.
59 Hero of Will.
171 Impératrice Elisabeth.
60 International.
200 Jeanne Benoîton.
62 Joseph Cornelissen.
107 — Deproost.
183 — Wintermans 2   »
61 Josephat.
63 Jules André.

198 Jules Janin.
207 Juliette.
244 Kaiserin von Mexico.
64 Lady Maria Scool.
141 — of the Sea.
190 La Traviata.
17 Lambinet.
201 Le Globe.
218 Light Heart.
70 Lord Palmerston.
66 Louis Lubbers.
184 — Schweitzer 3   »
67 Louis van Houtte.
68 Louis XIV.
2 Louise de Lachapelle.
71 Lucy Graaf.
164 — Mills.
72 Ludovic Beaumont.
73 Lydie.
154 Madame Cambier 3   »
245 — Chaté fils.
151 — Charles Morren.
11 — Crousse.
78 — Lambert.
153 — Panis 3   »
80 — Wagner.
74 Mademoiselle van Meldert.
246 Majestica.
76 Margaret.
77 marginata.
81 Marie Cornelissen.
82 Marquis de Bellefont.
83 Mars.
143 marvellous.
    Mastodonte.
216 May flower.
234 Mercure.
14 Merry Maid.
84 Meteor.
152 Michael Harres.
85 Mildred.
86 microphylla.
114 — alba rosea.
148 — amarantina splendida.
142 — grandiflora superba.
149 — rubra ferruginea.
248 Minnie Warren.
87 Monsieur Bruant.
88 — Clapton.
89 — Desarbres.
192 — Desportes frères.
231 — Dodenstein.

93 Monsieur d'Offroy.
94 — E. G. Tagliabue.
90 — Glym.
92 — Laurentius.
91 — Leconte.
150 — Mail.
95 mutabilis.
145 Nadar.
96 Nelly.
97 noblesse.
98 Northern Light.
99 Ophelia.
101 Paul et Virginie.
5 Pauline.
103 Pei la.
104 Percy.
249 Perlengeren.
105 Phœnicea.
156 Pie IX . . . . 3 »
227 Pollux.
250 Président Kalm.
203 — Paillard.
197 — Schenk.
155 — van den Ouwelant . . 2 »
106 Princess of Wales.
226 profusa.
251 Psyché.
230 Punch.
158 Renow.
157 Reviver.
107 Rhoda,
159 Rhoderick D'hu.
1 Rifleman.
109 Rittmeister von Schmerling.
110 Robin Hood.
7 Roi des Blancs.
146 Roland à Roncevaux.
6 Rosalba,
209 rose of Danemarck.

113 Rosalie.
202 — Franck.
13 sans pareil.
114 Salvator Rosa.
116 Schiller.
252 Schivan.
117 Secrétaire Notin.
118 — Notinger.
119 Sensation.
120 Signora.
253 Spiritus infernalis.
121 Souvenir de Cornelissen.
122 Shakespeare.
124 Sunbeam.
123 syringæflora.
232 Talisman.
125 the Blue.
124 — Best.
160 — Village.
147 Troubadour.
126 Tom Thumb.
15 Turban.
161 unique.
128 universal.
10 vainqueur de Puebla.
130 Vénus de Médicis.
199 Victorien Sardou.
131 Victor Cornelissen.
18 Victor Emmanuel.
132 Virginie Queen.
210 Vivian.
220 War Eagle.
134 Welcome.
162 Wilhelm Bahlsen.

Excepté les variét. dont les prix sont cotés
la pièce . . . . 1 »
12 variétés. . . 10 »
25 — . . . 15 »

GESNÉRIACÉES.

Achimenes
capreolata . . . . 1 »
Alloplectus
Pinelianus.
Schlimmii 1 50
speciosus
Brachyloma
sceptrum. . . . . 1 »

Chirita
sinensis.
Columnea
longiflora . . . . 3 »
Neumannii.
rubra erecta . . . . 3 »
sanguinea . . . . 3 »
Schideana . . . . 1 »
sp.?

Cyrtodiera
cuprea metallica . . . . . . 2 »

Dircæa
refulgens. 1 50

Dolichodiera
tubiflora. . . . . 1 »

Eudoconopsis
nægeloides . . . . 5 »

Gesneria
albo rosea. . . . . 1 »
Blasii. 1 50
cinnabarina . . . . 1 »
— ignea . . . . 3 »
— rosea. . . . . 1 »
discolor . . . . 1 »
Geroldiana. . . . . . . 1 »
macrantha . . . . 1 »
sulphurea hybrida. . . . 1 »

Gloxinia
erecta A. Bonard . . . . 1 »
Victor Lemoine. . . . . 1 »

Guthnickia
amœna . . . . 1 »

Isoloma
Trianeii.

Locheria
pedunculata. . . . . . 1 »

Mandirola (*Encodonia*)
lanata. . . . . 1 »

Nematanthus
Guilleminii. . . . . . . 1 »

Nægelia
alba lutescens grandiflora. . . 1 »
amabilis. . . . . 1 »
bicolor . . . . 1 »
cerise d'or. . . . . . 1 »
Charles Baes. . . . . 1 »
chromatella . . . . . 1 »
Cliftonii. . . . . . . 1 »
Leichtlinii. . . . . . 1 »
Lindleyana. . . . . . 1 »
Madame van Houtte. . . 1 »
— Lacomblé. . . . . 1 »
punctatissima lutea . . 1 »
— rosea. . . . . . 1 »
sceptre cerise. . . . 6 »
— corail. . . . . . 6 »
Sapho. . . . . . . 1 »

Plectopoma
gloxiniæflora. . . . . 1 »

Rhitidophyllum (*Ophianthe*)
floribundum . . . . . 2 »

Sarmienta
repens. . . . . . . 5 »

Stenogastra
concinna. . . . . . 1 »

Tapeinotes
carolinæ. . . . . . 2 »

Tydæa
amabilis. . . . . . 1 »

GRAMINÉES.

Aira
cæspitosa . . . . » 50

Andropogon
argenteum. . . . . . 2 »
formosum. . . . . . 2 »
halepense . . . . . 1 »
hirsutum. . . . . . 1 »
schœnanthus. . . . 1 »
squarrosum. . . . . 1 »

Arundinaria
falcata *Bambusa* . . 2 »
pygmæa. . . . . . 3 »

Arundo
conspicua. . . . . . 2 »
donax.
— fol. variegatis. . . 2 »
mauritanica.
phragmites fol. variegatis.

Bambusa
aurea. . . . . . . 6 »
arundinacea. . . . 2 »
edulis. . . . . . . 5 »
falcata (*Arundinaria*) . 2 »
Fortunei fol. variegatis . . 1 »

Bambusa (suite).
gracilis.
metake . . . . 1 »
nigra . . . . 6 »
scriptoriæ . . . . 2 »
spinosa . . . . 3 »
sp.? (Simonii).
Thouarsii . . . . 3 »
tortuosa . . . . 3 »
variegata.
verticillata . . . . 3 »

Carex
japonica . . . . » 50
— variegata . . . . » 50

Cinna
arundinacea . . . . 1 »
— picta.

Elymus
arenarius . . . . » 50

Eryanthus
ravennæ . . . . 1 »
— violescens.

Festuca
altissima . . . . » 50
glauca . . . . » 50

Gynerium
argenteum . . . . 2 »
albo-lineatum . . . . 15 »
Bertinii . . . . 3 »
fulgidum.
giganteum.
gracilis variegatum . . . . 10 »
interruptum.
luteo-roseum.
lutescens.
maraboul . . . . 5 »

Imperata
saccharifera . . . . 1 »

Isolepis
gracilis . . . . » 50
leptolea . . . . 1 »
Parlatorii . . . . 2 »

Lagurus
ovatus . . . . 1 »

Molinia
cœrulea fol. variegatis . . . . » 50
chilensis.

Oplismenus
sp? (Saint-Domingue).

Panicum
filiatum . . . . » 50
mandschuricum . . . . 2 »
micranthum.
palmifolium.
plicatum.

Pennisetum
longystilum . . . . » 50

Phalaris
africanus.
argentea elegantissima . . . . 1 »
arundinacea picta . . . . . 1 »

Pharus
vittatus.

Phormium
Cookianum . . . . 15 »
tenax . . . . 2 »
— fol. variegatis.
— nana.
— stricta.

Saccharum
Ægyptiacum . . . . 5 »
officinarum . . . . 2 »
— blonde d'Haïti . . . . . . 5 »
Madeni . . . . 3 »
perennis . . . . 1 »
violaceum . . . . 3 »

Sorghum
Suthorpii . . . . 2 »

Stipa
pennata . . . . » 50

Tripsacum
dactyloïdes . . . . » 50

Zea (mais)
japonica foliis marginatis . . 1 »

HELIOTROPIUM.

35 Anna Thurel.
1 Bertha.
38 Boule de neige.

3 Caroline des Antoines.
4 Elisabeth Davilson.
5 Étoile bordelaise.

43 Étoile des bleus. . . . . 1 »
6 — de Marseille.
8 fleur de Liége.
9 forêt sacrée de Ramsat.
10 Général Walhubert.
   gigantiflorum . . . . 1 »
40 gloire des massifs.
11 — de Menpenti.
12 Guascoï.
42 incomparable 1 50
45 Jules César.
13 — Heulin.
39 la rivale.
14 Madame Adolphe Weick.
15 — Boulanger.
18 — Capernaul.
19 — Cassenave.
16 — Chauvière.
21 — Michel.
17 — Pricken.
34 — Willhem Pfitzer.
37 Marie Nardy.
18 Monsieur Capernault.
20 — Hamaitre.

36 Monsieur Kiefer.
22 mulâtre.
23 oculatum.
24 ornement des massifs.
2 Peruvianum.
25 Prince Impérial.
26 Reine d'hiver.
27 — des violettes.
17 Roi des doubles 1 50
46 souvenir de Léopold Ier 1 50
28 submolle.
29 surprise.
30 trésor des massifs.
31 variegatum.
44 vestale 1 50
32 Voltaireanum.
41 wigandiæfolia . . . . 2 »
33 Wilkœlm?

Prix, sauf les variétés dont les prix sont
cotés :

la pièce . . . . » 50
12 variétés. . . 5 »
25 — . . . 9 »

HIBISCUS.

1 Armangci.
3 Cameroni.
10 — var. insignis.
2 canabinus (*speciosissimus*).
4 Cooperii. . . . . 2 »
ferox. . . . . 2 »
5 Général Courtigis. . . . . . 3 »
6 grandis.
7 Harissonii.
8 havanensis.
9 hybridus. . . . . 3 »
11 liliiflorus.
13 mutabilis.
14 ochroleuca.
15 palmata (*gigantea*).
16 Parkerii.
17 proliferus.
18 purpureus.
19 phœniceus.
21 salmoneum.

22 Sinensis bellidiflorus.
20 — carnea.
23 — flava.
24 — flore pleno.
28 — — — monstruosa.
38 — — rosea.
26 — lutea flore pleno.
27 — rubra — —
37 — speciosa.
36 — folio variegata.
31 sp? (*de Lelandais*).
32 — (*de Saint-Domingue*).
29 splendens.
30 — fulgens.
33 tricolor du Japon.
34 Van Houtteii.
35 Woratah.

Prix, sauf les variétés dont les prix sont
cotés,
la pièce... 1 »

LANTANA.

45 Adolphe Weick.
40 alba lutea grandiflora   1   »
13 — magna.
 2 Arethusa.
14 Cérès.
37 conqueror   1   »
34 coquette.   1   »
42 Doniana.   1   »
38 elegantissima.   1   »
26 Fabiola.
20 Fillioni.
12 Florentina.
16 fulgens mutabilis.
47 G. Goschke?
23 grandiflora alba.
48 — superba.
 6 Hendersonii.   -
 3 Hermosa.
17 Hugh Low.
15 Impératrice Eugénie.
 7 incomparable.
27 l'Abbé Touvre.
19 l'Annei.
46 Lena Ettlinger.
10 le Nain   1   »

24 lutea rosea.
18 — splendens.
32 Marcella.
33 Madame Boucharlat.   1   »
41 — Victor Lemoine.   1   »
28 Niobé.
 1 Pactole.
43 Pierre Houfek.
30 Queen Victoria.
35 Roi des Pourpres.   1   »
21 rose d'Amour.
 4 rosea nana.
36 Rougier Chauvière.   1   »
22 Safrano.
39 Solfatare.
 9 Souvenir de Pékin.
14 superba elegans.
 8 Triomphe.
 5 — de l'Exposition.
31 Victor Lemoine.
25 Victoire.

*Les variétés dont le prix n'est pas coté
seront livrées à 50 c. pièce.*

12 variétés, 5 fr.

LYCOPODIACÉES.

SELAGINELLA.

apoda (*Lycopodium*) . . . .   » 59
africana.   2   »
apotheca.
atroviridis.
caulescens minor.
cæsia arborea   2   »
conferta.
cordifolia (*Lycopodium*).
cuspidata (*Lycopod. circinale*). . .   1   »
delicatissima.
dendroïdes.
denticulata (*Lycopodium*). . . . .   » 50
dichrons.
erythropus.   1   »
flabellata.
flexuosa.   1   »
formosa.
Galeottii (**Lycopod. Stoloniferum**).   1   »
Griffithii.

inequalifolia (*Lycopodium*).   1   »
involveus   2   »
Karstenniana.
lepidophylla.   2   »
Lyallii   3   »
Mertense (*Lycopod. flabellatum*). .   1   »
— folio variegata.   2   »
microphylla.
mutabilis *Selag. Jamaïcensis*). . .   1   »
obtusa.
paradoxa   2   »
rubricaulis.   1   »
triangulare.
umbrosa (*Lycopodium*).
uncinata (*Lycopod. crsium*). . . .   2   »
viticulosa.
Wildenowii (*Lycopod. plumosum*).
Wallichii   3   »

MARANTA.

albicans.
albo-linéata.
densum (*Phrynium*).
discolor. . . . . 2 »
eximia. . . . . 2 »
fasciata.
glumacea . . . . 3 »
Jagoriana.
Lindeniana.
majesticum (*Phrynium*).
metallicum *Phrynium*). . . . . . 3 »
micans.
orbifolia.
ornata.
— picta.
Pavonina.

picturata.
Porteana.
regalis.
roseo-picta.
rotondifolia.
sanguinea (*Stromanthe*). . . . . . 3 »
spectabilis (*Stromanthe*). . . . . . 5 »
splendida.
stricta.
vaginata.
Van den Heckii.
variegata.
Veitchii.
vittata.
Warscewiczii.
zebrina (*Calathea*) . . . . 5 »

MUSA.

Abacca (*Textilis*).
coccinea. . . . . 15 »
discolor. . . . . 4 »
Ensete. . . . . 40 »
ornata.
paradisiaca. . . . . 3 »
petite figue banane.
rosacea . . . . 2 »
sapida.

sapientum violacea. . . . . 4 »
sinensis . . . . 3 »
— Castillonii.
sp.?
superba.
textilis (*Abacca*).
violacea. . . . . 4 »
vittata. . . . . 50 »
zebrina . . . . 10 »

PÆONIA.

ARBOREA.

1 Adèle Cursi.
2 Adjiana.
3 alba lilacina.
4 — plena.
5 Alcione.
6 Alope cuprea.
7 A. de Candolle.
8 archiduc Ludovic.
9 archinta.

10 Arethusa.
11 Athlète.
12 atroviolacea.
13 beauté de Canton.
14 belle de Monza.
15 Bérénice.
16 Bijou de Chusan.
17 Blanche de Châteaufulu.
18 — Mathieu.

19 Blanche Noisette.
20 Carlii.
21 carnea plena.
22 Carolina.
23 — Iliss.
24 Caroline Chauvière.
25 Casoreltii.
26 cericea pallida.
27 — purpurea superba.
28 Christina.
29 Christine.
30 Charles Rogier.
31 Cobiensky.
32 Colonel Malcolm.
33 Comte de Rambuteau.
34 Comtesse de Chambord.
35 — Mariano del Maino.
36 — Sturge.
37 Confusius.
38 conspicua.
39 De Bugny.
40 Déjanire.
41 Delachei.
42 Delmoti.
43 Dionsy.
44 Docteur Bowring.
45 Duc d'Aremberg.
46 — d'Aumale.
47 Duchesse d'Aremberg
48 — de Parme.
49 Duhamel.
50 Emelia.
51 Edwardii.
52 Farezzii.
53 fimbriata carnea.
54 fleur de Cyprès.
55 fragrans maxima.
56 Général Changarnier.
57 globosa.
58 Grand-Duc de Bade.
59 grandiflora spectabilis.
60 Héloïse.
61 Ilissiana.
62 Holdii.
63 Hamel.
64 Ida.
65 Impératrice Joséphine.
66 Jacquinii.
68 Javii.
69 Kaiser Léopold.
70 Kœchlinii.
71 Kœning.

72 laciniata.
73 lactea.
74 Léonie Sénéclauze.
75 lilacina plenissima.
76 Lord Marcartney.
77 Loudonia.
78 Louis Parmentier.
79 Louise Mouchelet.
80 ma Belle.
81 Madame Laffay.
82 — Domage.
83 — Massé.
84 — Morin.
85 — Ratier.
86 — Sénéclauze.
98 — de Vatry.
87 Madona.
88 magniflora lilacina.
89 Mamouth.
90 Manetto.
91 Marguerite.
92 Mariana.
93 Maria odorata.
94 Marie Thérèse.
95 maxima plena.
96 Monsieur Amand.
97 — de Sainte-Rose.
99 Moris.
100 Neumannii.
101 ocellata.
102 odorata plenissima.
103 — rosea
104 Osiris.
105 Ottonis (regia).
106 papaveracea flore pleno.
107 Parmentierii.
108 Persechinii.
109 Picenellii.
110 pomona.
111 pompon rose.
112 Pride of Hong-Kong (Orgueil de H.).
113 Prince Troubetskoï.
114 — de Wagram.
115 purpurea.
116 — plena undulata.
117 — vinacea.
118 — violacea.
119 Radjiana.
120 Regina Belgica.
121 Reine Elisabeth.
122 — des Fleurs.
123 Rinzii.

124 Rewesiana.
125 Rigida violacea.
126 Rococo.
127 rosea charsii.
128 — formis.
129 — grandiflora.
130 — odorata.
131 roseolens odorata.
132 Rosina.
133 Rossini.
134 rubra maculata.
135 — odorata plenissima.
136 Salmonea.
137 Samarang.
138 Schwartzenbergia.
139 simple rose saumonée.
140 Sir John Davis.
141 Souvenir de J. A. Downing.

142 Souvenir de Madame Knoèr.
143 speciosissima.
144 Storatiana.
145 Triomphe de Gand.
146 — de Malines.
147 — de Milan.
148 — de Vandermael.
149 Triompans.
150 Vandermaelen.
151 Van Houtteii.
152 versicolor plena.
153 Ville de Saint-Denis.
154 — de Versailles.
155 vinacea duplex.
156 — plena.
157 violacea plena.
158 Zenobia.
159 Zorana.

HERBACEA.

161 Achille *Callot*.
162 Adélaïde Delache.
163 Aglaé Adanson.
164 alba plena.
165 — sulphurea.
166 Alexandre Dumas.
167 Alexandrina.
168 Alice de Julvencourt.
169 amabilis lilacina.
170 amarantescens spherica.
171 anemonæflora.
172 — alba.
173 — alba II.
174 — pompadoura.
175 — rosea.
176 — stricta.
177 Antoine Poiteau.
178 Arsène Meuret.
179 aurea ligustrata.
180 Aurika.
181 Baronne James Rothschild.
182 Beauté française.
183 — de Villecante.
184 bicolor.
185 — grandiflora.
186 Bossuet.
187 Bucchii.
188 Buyckii.
189 Camille Calot.
190 candidissima.

191 Carlota Grisi.
192 carnea alba.
193 — elegans.
194 — flore pleno.
195 — triomphans.
196 Caroline Alain.
197 Cérès.
198 Charles Binder.
199 — de Belleyme.
200 — Gosselin.
201 — Morel.
202 chrysanthemiflora.
203 Clarisse.
204 Comte de Cussy.
205 — de Nanteuil.
206 — d'Osmond.
207 — de Paris.
208 Comtesse de Bresson.
209 cuprea.
210 — superba.
211 Cythère.
212 daurica flore pleno.
213 Decaisneana.
214 de Candollei.
215 Delachei.
216 Delcourt Verhille.
217 de l'homme.
218 Denis Élie.
219 Docteur Andry.
220 — Boisduval.

221 Docteur Bretonneau.
222 — Bretonneau (*Modeste Guérin*).
223 Duc Decazes.
224 Duchesse de Nemours.
225 — d'Orléans.
226 — de Rohan.
227 Duguesclin.
228 edulis alba.
229 — superba.
230 elegans (*M. Guérin*).
231 Élisa Vilmorin.
232 Emma Dampière.
233 Étendard du grand homme.
234 Festiva.
235 Fideline.
236 fimbriata plena.
237 formosa.
238 — alba.
239 Général Bedeau.
240 — Bertrand.
241 — Cavaignac.
242 Georges Cuvier.
243 globosa.
244 Gloria mundi.
245 gloriosa superba.
246 grandiflora carnea.
247 — lutescens.
248 — nivea.
249 — rosea.
250 Henri IV.
251 Hericartii.
252 humea.
253 — carnea.
254 insignis.
255 Isabelle Harlitzka.
256 Jussière.
257 La Brune.
258 La Chinoise.
259 Lady Anna.
260 — Darmouth.
261 Lamartine.
262 La Quintynie.
263 ligulata.
264 l'Élégante.
265 l'Élégante (*Modeste G.*).
266 Léonie.
267 lilacina plenissima.
268 l'Illustration.
269 Linné.
270 Luteliana.
271 l'Oriflamme.
272 Louis Van Houtte.

273 lutea variegata.
274 Madame E. Bourdon.
275 — de Vatry.
276 — Journflé.
277 — de Furtado.
279 — Lemonnier.
280 — Mallet.
281 Madona.
282 Marie Stuart.
283 Marc Maunoir.
284 Marie Stuart.
285 Marquise d'Ivry.
286 maxima.
287 — rosea plena.
288 Mélanie Henri.
289 Miranda.
290 Modeste Guérin.
291 Monsieur Bouquié.
292 — Bréon.
293 — Courant.
294 — Cursier de Tastet.
295 — de Chevigné.
296 — de Villermé.
297 — Duchartre.
298 — James Odier.
299 — Maunoir.
300 — Milleret.
301 — Paillet.
302 — Rousselon.
303 — Rougier.
304 Némésis.
305 nivalis.
306 nivea plena.
307 — plenissima.
308 odorata.
309 Paganini.
310 papaveræflora.
311 plenissima superba.
312 pompon chamois.
313 — strié.
314 Potsii alba.
315 preciosa nova.
316 Prince de Salmdyck.
317 — Pierre Galitzin.
318 Princesse Mathilde.
319 — Nicolas Bilbesco.
320 prolifera tricolor.
321 Proserpine.
322 pulchella plena.
323 pulcherrima.
324 purpurea Delache.
325 — superba.

326 Psyché.
327 Queen Perfection.
328 — Victoria.
329 Rewesii.
330 Reine d'Angleterre.
331 — des Fleurs.
332 — des Français.
333 — des Roses.
334 — Victoria.
336 rosea elegans.
337 — magna.
338 — mutabilis.
339 — pallida plena.
340 Rose d'Amour.
341 — Quintal.
342 Rubens.
343 rubescens plena.
344 rubro striata.
345 — violacea.
346 sanguinea plena.
347 sinensis.
348 speciosa striata.

349 splendida.
350 splendens (*fulgens*).
351 striata elegans.
353 sulphurea.
354 superba elegans.
355 Sydonie.
356 Taglioni.
357 tricolor grandiflora.
358 Triomphe gandavensis.
359 — du Nord.
360 — de Paris.
361 Victoire Leman.
362 — Modeste.
363 Victor Pasquet.
364 violacea.
365 — fimbriata.
366 — spherica.
367 Virginie.
368 Walneriana.
369 Washington.
370 Wellington.

PALMIERS.

Acrocomia

horrida (*Martinezia caryotæfolia*).
20 sclerocarpa (*Cocos aculeata*).

Alfonsia

92 oleifera (*Elaeis melanococca*).

Alnocarpus?

glaucus (*Oenocarpus caracasanus*).

Areca

9 alba.
6 aurea.
214 Bauerii (*Seaforthia robusta*).
168 Catechu.
167 — alba.
164 concinna.
4 crinita (*Calamus Verschaffeltii*).
215 furfuracea.
12 horrida.
1 humilis.
11 lutescens.
166 madagascariense.
165 monostachya.
7 nobilis.
216 oleracea (*Oreodoxa*).

Areca (*suite*)

5 pumila.
8 rubra.
3 sapida (*Kentia*).
2 speciosa (*Hyophorbe amaricaulis*).
10 Verschaffeltii.

Arenga

217 javanica.
22 obtusifolia.
21 saccharifera.

Astrocaryum

169 aculeatum.
aureo-pictum (*Ast. Borsigianum*).
13 Ayri.
127 Borsigianum (*Phœnicophorium Sechellarum*).
219 Chichon.
220 mexicanum.
14 rostratum.
221 Tucuma.

Attalea

222 acaulis.
19 Butyros.

Iriartea

   altissima.
272 delligera.
101 exorrhiza.
102 robusta.
272 setigera.

Jubæa

103 spectabilis.

Kentia

  3 sapida (*Areca sapida*).

Korthalsia

203 robusta.

Kuntia

  61 xalapensis (*Chamædorea Schiedeana*).

Latania

   aurea.
107 borbonica (*Livistona sinensis*).
106 glaucophylla (*Lat. Loddigesii*).
109 Jenkensii (*Livistona*).
273 rubra.
274 — Commersonii.
275 Verschaffeltii (*Lat. aurea*).
276 sp.? (*de Chine*).

Leopoldinia

277 pulchra.
278 sp.?

Lepidocarpus

279 sp.?

Licuala

110 elegans.
204 horrida.
111 peltata.

Livistona

205 altissima.
 86 australis (*Corypha*).
206 Bissula.
107 chinensis (*Latania borbonica*).
280 Hoogendorpii.
112 humilis.
109 Jenkensii (*Latania*).
207 subglobosa (*Liv. rotundifolia*).

Malortiea

113 gracilis (*Chamædorea fenestrata*).

Martinezia

116 caryotæfolia (*Acrocomia horrida*).
281 flexuosa.
115 Lindeniana.

Mauritia

282 vinifera.

Maximiliana

114 elegans.
283 regia.

Metroxylon

208 elatum.

Oenocarpus

 26 caracasanus (*Alnocarpus glaucus*).
286 chilensis.
162 bataua.
 24 dealbatus.
163 minor.
 23 pataua?
 25 pulchellus.
289 regia (*Oreodoxa*).
290 Sancona (*Oreodoxa*).

Oncosperma

287 fasciculata.
209 filamentosa.
   Van Houtteanum.

Orbignyana

288 dubia.

Oreodoxa

120 acuminata.
117 Ghiesbreghtii (*O. ventricosa*).
216 oleracea (*Areca*).
289 regia (*Oenocarpus*).
290 Sancona (*Oenocarpus*).
291 ventricosa.

Phœnicophorium

127 Sechellarum (*Stevensonia*).
   viridifolium.

Phœnix

121 dactylifera.
124 farinifera.
126 humilis.
122 Leonensis.
125 paludosa.
175 reclinata.
 94 spinosa (*Fulchironia senegalensis*).
292 sylvestris.
123 tomentosa.

Phytelephas

293 macrocarpa.
130 microcarpa.

Pinanga

128 latisecta (*Seaforthia latisecta*).
129 maculata (*Seaforthia maculata*).

Plectocomia

Sechellarum (*Phœnicophorium sech.*).
211 spectabilis.
Wallichiana (*Calamus flagellum*).

Pritchardia

131 pacifica (*P. Martiana*.

Raphia

212 Hookerii.
294 Ruphia (*Sagus*.
295 tœdigera.

Regelia

princeps (*Verschaffeltia splendida*.

Rhapis

132 flabelliformis.
213 — folis variegatis.
296 javanica.
133 Sierotsik (*Rhap. humilis*).

Sabal

137 Adansoni (*Sab. pumila*).
138 Blackburniana.
142 longifolia.
140 Mocinii (*Chamærops*).
139 Palmetto.
141 princeps.
297 Schappiana?
298 sp.?
143 sp.? *de Yucratan*.
85 umbraculifera (*Corypha*).

Sagus

294 Ruffia (*Raphia Ruffia*).
300 sp.? *nova*.

Saribus

301 rotundifolius.
302 Zollingerii.

Seaforthia

135 elegans.
303 gracilis.
128 latisecta (*Pinanga*).
129 maculata (*Pinanga*).
214 robusta (*Areca Bauerii*).

Stachyophorbe

304 Deckeriana.

Stephensonia

127 grandifolia (*Stevensonia Sechellarum*).

Stevensonia

127 Sechellarum (*Astrocaryum Borsigianum*.

Syagrus

305 amœna.
306 botryophora (*Attalea grandis*).
307 cocoides.
79 plumosa (*Cocos comosa*).

Synechanthus

308 fibrosus.

Thrinax

309 argentea.
310 barbadensis (*Corypha*).
311 elegans (*E. radiata*).
312 flexilis.
313 gracilis.
graminea.
314 grandis.
Martii.
315 parviflora.
311 radiata (*E. elegans*).
316 Robinii.
317 robusta.
318 stellata.
319 tunicata stellata.
310 — hypoleuca.

Trithrinax

341 mauritiæformis.

Verschaffeltia

342 splendida (*Regelia princeps*.

Wallichia

269 Arenga (*Gomotus Harina*).
343 caryotoides (*Harina*).
344 Orani.
porphyrocarpa.
345 spectabilis.
346 tremula.

Wettenia?

347 magnensis ?

Zalacca

348 Assamica.
349 Wagnerii.

PANDANÉES.

Freycinetia

Banksii.
graminifolia.
leucostachya.
nitida.

Pandanus

amaryllidifolius (*P. moscatus*).
Amherstiæ.
Bagea.
bianus (*Ozyanus*).
Blancoi.
bromeliæfolius.
candelabrum.
caricosus.
cuspidatus.
elegantissimus.
floccosus.
furcatus major.
graminifolius.
hybride (*Liervalii*).

Pandanus *(suite)*

inermis.
javanicus folio var.
labyrinthus.
lacanthus.
Loïs.
latissimus.
macrocarpa.
ornatus.
Ozyanas (*Bianus*).
reflexus.
Samak.
sp.? (*Kienel*).
sp.?
sp.? (*Leroy*).
sylvestris.
utilis.
— pendula.
— sanguinea.
— spiralis.
Vandermerschii.

PASSIFLORA.

amabilis	2	»
Baraquiniana	2	»
cardinalis	2	»
cœrulea	»	50
Decaisneiana	2	»
edulis	1	»
fulgens	2	»
Gonthierii	1	»

helleboriflora		
Impératrice Eugénie	1	»
kermesina	1	»
macrocarpa	1	»
quadrangularis		
racemosa	1	»
radiana		
sanguinea		

PELARGONIUM

Types

alchimidoïdes.
anemonæfolium (*Ger. palmatum*).
ardens.
betulinum.
bicolor.
cordatum (*Pel. cordifolium*).

cucullatum.
crispum.
denticullatum.
echinatum (*Pel. hamatum*).
endlicherianum.
exstipulaceum.
flavum (*Ger. daucifolium*).

Types (*suite*)

formosum.
fragrans (*odoratissimum erectum*).
gibbosum.
glaucum.
glutinosum.
gracilis.
grossularioïdes.
hymenoïdes (*Erodium*).
laciniatum?
multiradiatum.
papilionaceum.
quercifolium.
radula.
ribifolium.
saniculæfolium (*Pel. cortusæfolium*).
stenopetalum.
tetragonum.
tomentosum.
tripartitum.
triste.

Prix : la pièce 1 fr.

Diadematum

Benoiton. . . . . 1 »
Émile Liborel (1867).
Rougierii (1867).

Grandiflorum.

734 Gloire de Montplaisir. . . . . 2 »
735 — de Paris . . . . » 50

Hederaceum *à feuilles de l...e.*

736 Hederaceum aureum . . . . . 1 »
737 — coccineum . . . . » 50
738 — roseum . . . . » 50
739 — variegatum . . . . 1 »
740 Peltatum carneum . . . . . . » 50
741 — violaceum . . . . » 50

Capitatum.

742 ribesifolium . . . . » 50
743 Shruland. . . . . » 50
744 Unique. . . . . » 50
745 — coccineé. . . . . » 50

Zonale-Inquinans.

1 Abbé Florentin.
2 — Kientzi.
3 — Sanson. . . . . 1 »
4 Abbel.
5 Abd-el-Kader. . . . . 1 »
6 Abondance.
7 Achilles.

Zonale-Inquinans (*suite*)

8 Admiration.
9 Adolphe Poulain. . . . . 1 »
10 — Varengue.
11 Albane (P').
12 Albertine.
13 Album compactum.
14 Aldebert.
747 Alexandra.
15 Alexandre II. . . . . 1 »
16 Alfred.
17 — Hazorati.
18 Alice.
19 Alliance. . . . . 1 »
20 Alphonse Karr. . . . . 1 »
21 Amandine Haus.
22 Amédée Achard. . . . . 1 »
23 Amelina Grisau.
24 Ami Hogg. . . . . 1 »
25 — Rabotin. . . . . 1 »
757 — Repsard.
26 Amiral Protet.
27 A. Napoléon Baumann. . . . . 1 »
28 André Henderson. . . . . . . 1 »
29 Antoine Geoffre.
30 — Rougier.
31 Antoni. . . . . 1 »
32 Apollon. . . . . 1 »
33 Archevêque Félinsky.
34 — de Paris.
35 Aureglias. . . . . 1 »
36 Ary-Zang.
37 Atalanta.
38 Atrosanguinea . . . . 1 »
39 Auguste Labbé.
40 Augustine Nivelet.
41 Augustinus Todaro.
42 Aurélie Nivelet.
43 Auriculata.
44 Aurora.
45 Barnave.
46 Baron de Trench. . . . . . . 1 »
47 — Ricasoli.
48 Baronne de Grench . . . . . . 1 »
49 — de Staël. . . . . 1 »
50 Beaton Indian Yellow . . . . . 1 »
51 Beaton's Stella. . . . . . . 1 »
52 Beatrix nos Stella.
53 Beauté d'Europe.
54 — du parterre.
55 — de Pierrefitte.
56 — de Suresnes.

Zonale-Inquinans (*suite*)

57 Beauté de Ville-d'Avray.
58 Beauty of Dulwick.
748 — Williams.
749 — Bel Demonia.
59 Belle Hélène.
60 — Hortense.
61 — Rose. . . . . 1 »
62 Belneard (de).
64 Berthe Porte.
65 Blanche de Castille. . . . . . 1 »
66 — Lefrère (au 1er octobre 1866) 10 »
67 Black Dwarf. . . . . 1 »
68 Blushing beauty.
69 Bonaventure. . . . . 1 »
70 Bonnie Dundée.
71 Boule de feu.
72 — — (Lhuillier).
73 — — (Nivelet).
74 — des Hespérides.
75 Bouquet impérial. . . . . . . 1 »
76 — incomparable . . . . 1 »
77 Brennus. . . . . 1 »
78 Bridal beauty.
79 Brigh Eye. . . . . 1 »
80 Brillancy.
81 Brillant.
82 — de Toulouse.
83 Buisson ardent. . . . . 1 »
84 Cagliostro.
85 Caledonian.
86 Caméléon.
752 — (Nardy frères).
87 Cardinal. . . . . 1 »
88 Carlo Dolci.
89 Carl Schickler.
90 Carmin (Beaton).
91 Carminatum improved. . . . . 1 »
92 Carnea perfecta.
93 Cécile Labbé.
94 Cecilla.
95 Celestial.
96 Celina Réveil.
97 Céline Lorrain.
98 Cerise unique.
99 Chancellor.
100 Charion. . . . . 1 »
101 Charles Aubry. . . . . 1 »
102 — Fontaine.
103 — Rouillard.
104 — VI. . . . . 1 »
　　　Charlotte Corday . . . . . . 1 »

Zonale-Inquinans (*suite*)

106 Charmer.
107 Chef-d'œuvre.
108 Christian Deegen.
109 Christinus.
110 Clara. . . . . 1 »
111 Clémence. . . . . 1 »
112 Clipper.
113 Commandeur en chef.
114 Compactum.
115 — striatum . . . . 1 »
116 Comte de Chambord (Aldebert).
117 — de Clappiers.
118 — Zamoïsky.
119 Comtesse de Chambord.
120 — de Clappiers.
121 — de Morny.
122 — de Pourtalès. . . . . 1 »
123 Conrad Jong.
124 Constant Huault.
125 Consuela.
126 Coquette de Rueil.
127 Cornelius Leyl.
128 Corsaire.
129 Couronne de Flore.
130 Crépuscule.
131 Cybister. . . . . 1 »
132 Dame Blanche.
133 Daniel Manin.
134 — Kranzbulher.
135 Decan Bruner.
136 Defiance.
137 Dekin wild. . . . . 1 »
138 Demetrio Piccioli.
139 Der Blitz.
140 Diadème.
141 Diamant.
142 Diogène.
143 Directeur.
144 — Thelemann . . . . 1 »
145 Docteur Lindley.
146 — Thiémann. . . . . 1 »
147 Donald (Beaton). . . . . . . 1 »
148 Duc de Reichstadt. . . . . . . 1 »
149 Duchess . . . . 1 »
150 Durullé.
151 Eblouissant.
152 Echo. . . . . 1 »
153 Eclatant (l').
154 Editor.
155 Effective.
156 Effie. . . . . 1 »

Zonale-Inquinans (*suite*)

157 E. G. Henderson. . . . . 1 »
158 Eldorado.
159 Eleanor.
160 Élégant. . . . . 1 »
161 Élisabeth Meet.
162 Élise Wunderley. . . . . 1 »
166 — Carré.
167 — Eufoy.
168 — Licau.
163 Émélie Nivelet.
164 — Vaucher . . . . 1 »
165 Émile Bichler.
169 Emma Barba.
171 — Weitchel . . . . 1 »
172 Empereur des Nosegay. . . . . 1 »
173 Emperor of the French.
174 Eringo Brangg.
175 Ernest.
756 — André.
176 — Legrand.
177 Espérance.
178 Étendard (l').
179 — de Flandre . . . . 1 »
180 — des rouges.
181 — de Solferino. . . . . . . 1 »
182 Étienne Fontaine.
183 — Henri.
184 Elna.
185 Étoile de Denicé.
186 — des massifs.
187 — du matin.
188 — polaire.
189 Eugène Furst. . . . . 1 »
190 Eugénie Mézard.
191 Exquisita.
192 Eve. . . . . 1 »
193 Fairy.
194 Fanny Labrousse.
195 Fanly.
196 Fatinetzia.
197 Faust.
198 Fantry.
199 F. C. Heinemann. . . . . . . 1 »
200 Feu de Magenta. . . . . . . 1 »
201 — de Malakoff.
202 Feuer Konig.
203 Floramesta.
204 Firebrand.
205 Flamant.
206 Flora.
207 Flore.

Zonale-Inquinans (*suite*)

208 Floribunda.
209 Fortuné Delmez.
210 Frau Hoggoriner Mager. . . . 1 »
211 Francis Desbois.
212 François Chardine.
213 Franz Hock.
214 Frascati . . . . 1 »
215 Frauenlob.
216 Frau Killiam Konig.
217 Freund Knopper.
218 — Vinapper. . . . . 1 »
219 Frogmord.
220 Froissard. . . . . 1 »
221 Furst Volfrang.
222 Gaëtana.
223 Gabriel Voglerr.
224 Galantiflora. . . . . 1 »
225 Gauntlet. . . . . 1 »
226 Géant (le).
227 — des batailles.
228 Gebruder Maning. . . . . . . 1 »
229 Gem of rose.
230 Général Ulot.
231 Georges Bruant. . . . . 1 »
232 — Hock.
233 — Nachet.
234 — Sontag.
235 Germania. . . . . 1 »
236 Giralda.
237 Gloire de Bagatelle.
238 — de Chatou. . . . . 1 »
239 — de Corbeny. . . . . 2 »
240 — d'Ecully. . . . . 1 »
241 — de France.
242 — de Mailly.
243 — de Nancy (*flore pleno*) . . . 3 »
244 — de Puteaux.
245 — des rouges . . . . 1 »
254 — des roses . . . . 1 »
246 Glorious. . . . . 1 »
247 Glow worm . . . . 1 »
248 Goliath.
249 Governor.
250 Grenadière.
251 Gruss an Nancy. . . . . . . 1 »
252 Guillaume le Conquérant. . . . 1 »
253 Guiseppe Savenni.
255 Hardy Gaspard.
256 Harry Hyower.
257 Havilah. . . . . 1 »
258 Haydée. . . . . 1 »

Zonale-Inquinans (*suite*)

259 Hector. . . . . 1 »
260 Helvetica.
261 Henri Mackronod. . . . . . . 1 »
262 Henri de Beaudot.
263 — de Blécourt.
264 — Fischer.
265 — Lierval.
266 — Marquis.
267 — IV. . . . . 1 »
268 Henriette Lebois.
269 — Renard.
270 Herald of spring.
271 Hermann Lange.
272 Horace.
273 Hortensia. . . . . 1 »
274 Hortensiæflora . . . . 1 »
275 Hugo Englert.
276 Illustration. . . . . 1 »
277 Impératrice Eugénie.
278 Impérial. . . . . 1 »
279 Incomparable. . . . . 1 »
280 Indien.
281 Jacob Becker.
282 — Smelz.
283 Jean Hock.
757 — Balande.
284 — Valjean.
285 Jeanne d'Arc.
286 J. Mordner. . . . . 1 »
287 John Weick. . . . . 1 »
288 Joseph Wolf. . . . . 1 »
289 — Roland.
290 — Sontag.
291 Jules Arlet. . . . . 1 »
292 — César. . . . . 1 »
293 — Duchatel.
294 — Jarlot.
314 Kaetchen Borzner. . . . . . 1 »
295 — Scheurer.
296 Katharina Hock.
297 Kentish Hero.
298 King of Weits. . . . . 1 »
299 Kladeradasth.
300 Lady Cullum.
301 La foudre. . . . . 1 »
302 La fraicheur. . . . . 1 »
303 Lalande. . . . . 1 »
304 La Vestale. . . . . 1 »
305 L'avenir. . . . . 1 »
306 Langeweicz.
307 Lapérouse.

Zonale-Inquinans (*suite*)

308 Lara.
309 L'éclair.
310 Le Caraïbe. . . . . 1 »
311 Le Niagara.
312 Léocadie.
313 Léon Berniaux.
315 — Roland.
316 Léonard Carré.
317 — de Vinci.
318 Léonie Nivelet.
319 Léonidas. . . . . 1 »
320 Léopold Lange.
321 Le plus éclatant. . . . . . . 1 »
322 Les Gaules. . . . . 1 »
323 Lilacinum compactum. . . . . 1 »
324 Louis Abbel.
325 — Monald.
326 — Rœzeler.
327 — Scheweitzer.
328 Louisa. . . . . 1 »
329 Lord Palmerston . . . . . . 1 »
330 Lorenzo.
331 Loyalty. . . . . 1 »
332 Lucia rosea.
333 Lucien Dufour. . . . . 1 »
334 — Tisserant.
335 Lucilla.
336 Lucrèce.
337 Ludwig Uhland.
758 macrantha.
338 Ma gloire.
339 Mackenwoods.
340 Mac Mahon.
341 Madame Adolphe Weick.
342 — Aldebert. . . . . 1 »
343 — Antony Lamothe.
344 — Anna Richter.
345 — Aunier. . . . . 1 »
346 — Barillet – Deschamps. . 1 »
347 — la baronne Haussmann. 3 »
348 — Barre.
349 — Bazille.
759 — Berthe Faoche. . . . . . 1 »
350 — Bertin.
351 — Boucharlat.
352 — Bouchaux de Bussy.
353 — Calot.
354 — Cassier.
355 — Chardine.
356 — la comtesse de Tircourt. 1 »
357 — Cornelissen. . . . . . . 1 »

Zonale-Inquinans (*suite*)

358 Madame Commier.
359 — Danguy.
360 — Desportes . . . . . . 1 »
361 — Dufour . . . . 1 »
362 — Ermens . . . . 3 »
363 — Fischer.
364 — François Ferrand. . . 1 »
365 — Frederick Hock. . . . 1 »
366 — Gailand.
367 — Genisset.
368 — Godefroy.
369 — Gueffier.
370 — Henri.
755 — Hery.
371 — Hock.
372 — Jendel.
373 — Jules d'Evry.
474 — Légeas. . . . . 1 »
375 — Lemoine.
376 — Léon Loisel. . . . . . 1 »
377 — Lierval.
378 — Liégeard.
379 — Longfield . . . . . . 1 »
380 — Loaesse.
381 — Loussel.
382 — Madeleine.
383 — la marquise de Piolenc. 1 »
384 — Ninette Sacchero.
385 — Plaisançon.
760 — Prudent Gaudin. . . . 1 »
386 — Rendatler.
387 — Rougier.
388 — Rudolph Abbel.
389 — Schnoll.
390 — Travers. . . . . . . 1 »
391 — Vaucher.
392 — Werlé.
393 — Willhem Pfitzer.
394 Mademoiselle Deschamps.
395 — Emmanuel Gaay. . 1 »
396 — Germon.
397 — Henriette Renoult. 1 »
398 — Livernois. . . . . 1 »
399 — Marie Mézard.
400 — Marthe Vincent. . 1 »
401 — Mélanie Dubet . . 2 »
402 — Noémie Legendre.
403 — Thirion.
404 — Vincent.
405 Magenta,
406 — Queen. . . . . . . 1 »

Zonale-Inquinans (*suite*)

407 Magnum bonum . . . . 1 »
408 Maréchal Canrobert.
409 — Forcy.
410 — Ney.
411 — Pélissier.
412 Marginata.
413 — superba. . . . . . . 1 »
414 Marion. . . . . 1 »
415 Marie Crousse.
416 — Droire. . . . . 1 »
417 — Labbé.
418 — Rendatler.. . . . . . 1 »
419 — Thiery.
420 — Vincent.
421 Marin.
422 Marquis.
765 — d'Hertford (1867).
423 — de Lambertye. . . . . 2 »
424 — de Saint-Innocent.
425 Marquise d'Aubigné.
426 Martial de Chanflour (*flore pleno*) 1 »
427 Martin Grivaux.
428 — Noack. . . . . 1 »
429 Marvel.
430 Mary Anne. . . . . 1 »
431 Masséna. . . . . 1 »
432 Matheo de Marcol. . . . . . 2 »
433 Mathilde Moret.
434 Mazeppa.
435 Melkam.
436 Merimac.
437 Meteor.
438 Mexico (*Chardine*).
439 Mexico (*Grudé*).
440 Midfort. . . . . 1 »
441 Mina Caalie. . . . . 1 »
442 — Koelh.
443 Minnie.
444 Minnimum.
445 Misérables (les).
446 Mistress Panold.
750 — Whitty.
447 — W. Paul. . . . . . . 1 »
448 Model.
449 Mogundia.
450 Mon Caprice.
451 Mon Début. . . . . 1 »
452 Monitor.
453 Monseigneur Lavigerie. . . . . 1 »
454 Monsieur Aimé Dubot.
455 — Alphonse Dufoy.

Zonale-Inquinans *(suite)*

456 Monsieur Auguste Laloy. . . . 1 »
457 — Auguste Verdier. . . 1 »
753 — Barillet.
458 — Barre.
459 — Barthère ainé. . . . 1 »
460 — Boniface Delasalle. . . 1 »
461 — Boursier.
462 — Ch. Wagner.
463 — Crousse.
464 — D'Arbres Grulin. . . 1 »
465 — Desfontaines. . . . . 1 »
466 — Durand. . . . . . . 1 »
467 — Georges Maket.
468 — Hoste.
469 — J. Meunier.
470 — Joinville. . . . . . 1 »
471 — Lierval.
751 — Malet.
472 — Martin.
473 — Martine.
474 — Mathon ainé.
475 — Maugenet.
763 — Mawet.
476 — Max Will Hulton . . 1 »
477 — Mézard (*Aldebert*).
478 — Mézard (*Hock*).
479 — Notting.
480 — Pagès.
481 — Rendalter.
482 — Rose Charmeux.
483 — Rougier.
484 — Rouillard.
766 — Thiers.
485 Montebello.
486 Multiflora (*Laloy*).
487 Myriam. . . . . 1 »
488 Napoléon . . . . 1 »
489 Napoléon III.
490 Nardy frères. . . . . 1 »
764 Nec plus ultrà.
491 Nilat.
492 Nina Hock.
493 Niveum floribundum.
494 Non pareil.
495 Nonsuch.
496 Nora . . . . 1 »
497 Norma.
498 Omer Pacha. . . . . 1 »
499 Orange Nosegay. . . . . . . 1 »
500 Orient (l').
501 Ornement des massifs. . . . . 1 »

Zonale-Inquinans *(suite)*

502 Oscar. . . . . 1 »
503 Osiris.
504 Ossiana.
505 Paquitta.
506 Parny. . . . . 1 »
507 Pauline Veillard.
508 Pénélope.
509 Perfecta.
510 Petit Montrouge . . . . . . 1 »
511 Philomène.
512 Pilar of beauty. . . . . . . 1 »
513 Pinck pearl.
514 Piquillo.
515 Platon. . . . . 1 »
516 Popiowski. . . . . 1 »
517 Prééminent . . . . 1 »
518 Premier. . . . . 1 »
519 Président Lincoln. . . . . . 1 »
520 — Reveil.
521 Primevère. . . . . 1 »
522 Prince Czartowrisky.
523 — d'Orange. . . . . . . 1 »
524 — Hubert.
525 — Impérial.
526 Princesse Alice.
527 — Clotilde.
528 — Linchtinstein. . . . . 1 »
529 — Malthilde.
530 — of Prussia.
531 — de Russie.
532 — de Wales.
533 Primner.
534 Prise de Milan. . . . . . . 1 »
535 Professeur Coste. . . . . . 1 »
536 Profusion.
537 — (*Aldebert*). . . . . 1 »
538 Prokop Daubeck. . . . . . . 1 »
539 Prophète (le).
540 Provost.
541 Psyché.
542 Puebla.
543 Punch.
544 Purity. . . . . 1 »
762 Queen of Queen's.
545 Ratazzii. . . . . 1 »
546 Rath Niedeck.
547 Realy good.
548 Reine Hortense.
549 Regalis.
550 Renunculliflora (*flore pleno*). . 1 »
551 Resplendens.

Zonale-Inquinans (*suite*)

552 Revisor Kulmaun.
553 Reynaud.
554 Rinaldini.
555 Rival Nosegay.
556 — stella. . . . . 1 »
557 Robin Volfield.
558 Rodolphe Abbel.
559 Roi d'Italie.
560 — des feux.
561 — des Magors.. . . . . . . 1 »
562 — des nains.
563 Rosa Bonheur.
564 Rosamonde.
565 Roseband . . . . 1 »
566 Rose d'amour.
567 — de Madrid.
568 — de Neuilly.
569 — Incomparable.. . . . . . 1 »
570 — perfection. . . . . 1 »
571 — Rendatler.
572 Roseum multiflorum.
573 — nanum.
574 Rothomago. . . . . 1 »
575 Rubens.
576 Rubis. . . . . 1 »
577 Rudolph Noack. . . . . . . 1 »
578 Ruy Blas.
579 Saint Fiacre.
580 — Pierre . . . . 1 »
581 Sans pareil. . . . . 1 »
582 Saumon le .
583 Scarlet gem . . . . 1 »
584 — glaube.
585 Schin King.
586 Schneeball.
587 Sir William Valace.
588 Siren. . . . . 1 »
589 Sobiesky.
590 Sœur Laure.
591 Solferino.
592 Souvenir de Florentine. . . . . 1 »
593 — de l'Isère.
594 — de M. Basseville.
595 — de M. Peyrot.
596 — de Nancy.
597 — du 8 juin.
598 Spit fire.
599 Staatsrath Valher.
600 Stella Nosegay.
601 Sun light.
602 Surpasse compacta . . . . . . 1 »

Zonale-Inquinans (*suite*)

603 Surpasse étoile polaire.
604 Teintoret.
605 The swan. . . . . 1 »
606 Titien (le).
607 Tom pouce.
608 Trajan.
609 Transcendant.
610 Trentham rose.
611 Trenthus . . . . 1 »
612 Triomphant.
613 Triomphe (*Mézard*).
614 — de Courcelles. . . . 1 »
615 — de Gergoviat (*fl. pl.*). 1 »
616 — de Meudon.
617 — de Montrouge.
618 — de Paris.
619 — de Passy.
620 — de Versailles.
621 Turbigo.
622 Turenne. . . . . 1 »
623 Vanquicher.
624 Vénus. . . . . 1 »
625 Vercingetorix. . . . . 1 »
626 Vice-Roi. . . . . 1 »
627 Victoire de Puebla.
628 Victor-Emmanuel.
629 — Lemoine.
630 — Millot. . . . . 1 »
631 Villafranca.
632 Violet Will. . . . . 1 »
633 Virgo Maria.
624 Vivid.
625 Volcan.
626 Volcana.
627 — Volta. . . . . 1 »
628 Vulcain.
629 Waltham Seedling. . . . . . . 1 »
630 Washington . . . . 1 »
631 Waterloo . . . . 1 »
632 Well come. . . . . 1 »
633 White perfection. . . . . . . 1 »
634 — Tom Thumb. . . . . . . 1 »
635 Willhem Schül. . . . . 1 »
636 Wilhemine Weick.
637 William Scheurer.
638 Woodwordiana.
639 Zélie.
640 Zouave (le).

Prix, ceux non cotés » 50.

12 variétés 4 ».

Zonale-inquinans foliis variegatis

641 Alba marginata.
642 Alma.
643 Ami Robsart.
644 Amy. . . . . 1 »
645 Amélie Halphen.
646 Am.cei.
647 Argus.
648 Attraction. . . . . 1 »
649 Beauty.
650 Bicolor splendens.
651 Bijou.
652 Bloomix Blusch. . . . . 1 »
653 Bouquet.
654 Brillant.
655 Cheerfulness.
656 Climène.
657 Cloth of gold.
658 Countess of Warwich. . . . . 1 »
659 Guildford beauty.
660 Dandy . . . . 1 »
661 Day break.
662 Elegans.
663 Emma Leroy (*var. verte en serre*
 panachée en pleine terre) . . 10 »
664 Emperor.
665 Empress.
666 Fair Ellen.
667 Fairy Nimph.
668 Fairy Queen.
669 Flower of spring.
670 Flower of the day.
671 Fontainebleau . . . . 1 »
672 Glow worm. . . . . 1 »
673 Gold leaf.
674 Gold Pheasant. . . . . 1 »
675 Golden admiration.
676 — cerise unique.
677 — chain.
678 — chain flowered. . . . . 1 »
679 — fleece.
680 — flinck.
681 — Harkaway.
682 — leaf. . . . . 1 »
683 — Tom Thumb.
684 Graveolens variegatum.
685 Hendersonii.
686 Honey Comb. . . . . 1 »
687 International. . . . . 1 »
688 Jaen.

Zonale-inquinans foliis variegatis
(suite)

689 Julia.
690 Kenil worth. . . . . 1 »
691 King of the variegated.
692 Lady Cottingham
693 — Plymouth.
733 Luna . . . . 5 »
694 Manglesii.
695 Meteor.
696 M⁹ Benyon . . . . 2 »
697 — Milford.
698 — Pollock . . . . 2 »
699 Mountain of snow.
700 Nana Henderson.
701 Oriana.
702 Oxaliflorum.
703 Perfection.
704 Princ of Orange . . . . 5 »
705 Quadricolor . . . . 1 »
706 Queen of Queen's.
707 Reine d'or.
708 Rosa superba.
709 Rose Queen.
710 Rosette.
711 Saint Clair. . . . . 1 »
712 — Cloud . . . . 1 »
713 Scarlet Jane.
714 Silver chain.
715 — gem. . . . . 3 »
716 — Harkaway.
717 — Nosegay.
718 — Queen.
719 Snow flake.
746 Souvenir de Marie Cros.
720 Sulphurea marginata.
721 Sunset. . . . . 2 »
722 The Countess . . . . 1 »
723 — Empress.
724 — little pet. . . . . 1 »
725 — Queen favourite.
726 — Rainbow. . . . . 1 »
727 — Topsy. . . . . 1 »
728 Tricolor.
729 Unita Italiana. . . . . 5 »
730 Variegata nosegay.
731 Vénus.
732 Yellow belt. . . . . 1 »

Prix : ceux non cotés » 50.

12 variétés 4 ».

PENTSTEMON.

Prix, les variétés non cotées :
la pièce » 50
12 variétés 4 »

PETUNIA.

*Les variétés précédées d'un * sont à fleurs pleines.*

1 Abondance (*Rendatler*).
113 Activité.
64 *Adolphe Weick. . . . . 1 »
164 Adonis.
165 *alba plena.
132 *Anacréon.
149 *Archimède.
128 *Asmodée.
129 *assortiment.
2 *Augustine Nivelet.
3 *Aveline.
4 *Belle Henriette.
166 bicolor.
65 *Bonheur des Antoines.
107 brillant . . . . 1 »
146 Cagliostro.
110 Caméléon . . . . 1 »
117 *Christianum . . . . 1 »
151 *Cicéron.
7 *Colomb.
9 Comtesse d'Elseneuse.
107 conspicua.
8 Constance.
6 *Constantin.
168 Coquelicot.
169 Deliana.
107 Diane . . . . 1 »
112 *Docteur Andry.
135 * — Colandre.
10 Dumont-Durville.
79 éclipse . . . . 1 r
82 élégance.
12 *Elisa Harmant.
11 — Milton.
98 * — Fantapier. . . . . 1 »
66 *Ernest Lemale. . . . . 1 »
156 étoile d'Elincourt . . . . . . 1 »
101 — Poitevine.
67 *fantastique . . . . 1 »
159 Firmin.
102 floribunda.
69 *florida . . . . 1 »
13 François de Salles.
68 *Franz Hock. . . . . 1 »
70 *Freund Peter Schies . . . . . 1 »

14 *Georges Ier.
17 Georgette.
170 Gloire de Segrez.
15 *gloxiniæflora.
18 *Grissart.
18 *Guiency Deliot.
158 Hélène.
72 *Henriette.
152 *Henri Demay.
21 Hermanni.
19 *Hérodote.
142 Holopherne.
20 *Honorable Me Colville
155 *Hubert frères.
22 *Indianæflora.
131 *Irma Delpouille.
27 *Jeanne Ponton.
161 Jérôme.
23 Joseph-Bertrand.
74 * — Duret . . . . 1 »
24 * — Fiola.
26 — Haudrechy . . . . 1 »
25 * — Kientzi.
105 * — Poirel.
73 Joseph Sontag. . . . . 1 »
133 *la candeur . . . . 1 »
97 la Floride . . . . 1 »
171 La Fontaine. . . . . 1 »
154 la fraîcheur.
55 la renommée.
77 *Laurence Booth . . . . 1 »
83 * — de Lesseux . . . . . 1 »
75 le caprice.
76 le coquet. . . . . 1 »
81 *le mont Blanc . . . . 1 »
78 *le nègre . . . . 1 »
162 Léon Legrand.
28 Léonard.
29 Lesueur.
31 Léonie Slavinsky.
172 Louis Duflot . . . . 1 »
143 — Lévêque.
80 Louise Rollin . . . . 1 »
109 Lucie Lemoine.
32 *Lucien Daloz.

148 · Luigy Craaf.
30 Lycurgue.
100 · Madame Aubenne.
174 — Chevalier.
34 — Forel.
178 — Maajean.
179 — Mazza.
44 — Person Henry.
45 Mademoiselle de Janson.
88 · — Marie Aubert.
103 Marcella.
175 marginata.
40 Marie Harmant.
41 · Marie Rougier.
86 · Marie Wallou. . . . . 1 »
99 · Marquise de Saint-Innocent.
130 Mars . . . . 1 »
84 · Marthe de Golbery. . . . . . 1 »
106 Max Riescen.
36 · Maximilien.
150 · Météore.
114 Michel Brézin . . . . 1 »
38 Minette.
39 · modéle.
176 · Molière.
37 Monseigneur Caverot.
85 · Monsieur Auguste Petot.
42 — Calot.
115 — Cauzi fils.
141 — Ch. Lambinet.
127 — Diestein.
153 — Grotard.
118 — Laurentius.
120 — Louis Duflos.
125 — Maujean.
— Mazza.
126 — Meurian.
119 — Meuris.
122 — Montaigne.
87 — Proutière.
43 — Stewart.

140 Monsieur Vandame.
87 · Multiflora.
111 Napoléon III.
108 Nardy frères.
46 · Noémie.
177 nyctaginæflora alba.
136 · Œillet parfait.
47 Othello.
91 · Pauline Neumer. . . . . . . 1 »
163 Pierre Zacconne.
49 · Pierre Simonet.
51 Pizarre.
48 Pluton.
92 · Portemer fils.
90 · Président Dumesnil. · . . . . . 1 »
50 Prince Impérial.
124 · Renaltii.
52 Reine Hortense.
54 Réné Hardoin.
157 · Rhinocéros.
53 · Rose perfection.
116 Rubens.
160 Simentieuse?
56 · Sophie Feyton.
93 · souvenir de Léopold Ier . . . . 1 »
49 · — de Max Pfetsch . . . 1 »
58 · — de M. Vincent.
57 Surpasse Elisa Scheffer . . . . 1 »
59 — multiflora.
121 The monument.
138 Timide.
134 Triomphe d'Élincourt.
33 Unique. . . . . 1 »
104 Villa d'Arcachon.
95 · violacea.
123 · Voltaire.
96 · Zingara.

Prix, les variétés non cotées :

la pièce » 50

12 variétés 4 »

PHLOX.

1 Amazelis Poitier.
2 Anaïs Aubert.
4 Alphonse Karr.
3 Arthur Fontaine.
5 belle Normande.

6 Borée.
8 Comte de Lambertye.
7 — Vigier.
9 Comtesse de Bresson.
10 Croix de Saint-Louis.

11 Danaée.
12 Diomède.
59 Docteur Parnot.
13 Édouard-André.
14 Ferdinand II.
15 Georges Villé.
16 Hector Bouillard.
60 Imperialis.
17 Lady Hulse.
18 le Lyon.
19 Madame Andry.
34 — Autin.
32 — Alger.
20 — Berniaux.
21 — Chanvière.
22 — de Caen.
33 — de Cannart d'Haumale.
23 — Furtado.
24 — Godefroy.
25 — Herincq.
26 — Lecerf.
31 — Levrot.
27 — Masson.
28 — Petit.
29 — Pommier.
30 — Van Houtte.

35 Mademoiselle Van Houtte.
36 Marie Bellanger.
42 Monsieur Allain.
43 — Bonnaud.
44 — Delamarre.
39 — Forest.
38 — Gros.
40 — Lierval.
47 — Parmentier.
41 — Payen.
37 — Quihou.
45 — Thibaut.
46 Neptune.
48 Pie IX.
49 Professeur Hock.
57 roi Léopold.
52 Souvenir de Soultzmat.
51 — des Ternes.
53 — de Trianon.
50 spectabilis.
58 Tricolor.
56 triomphe de Twickel.
54 Vénus.
55 Vicomtesse de Belleval.

La pièce 1 ».

SOLANUM.

1 aculeatissimum	1	»
2 Adoense inermis	1	»
3 agregatum	1	»
4 Amazonium	»	50
5 Antropophagorum?	1	»
6 argenteum	1	»
7 atropurpureum (*atrosanguineum*)	1	»
8 auriculatum (*mauritianum*)	1	»
9 Balbisii	1	»
10 betaceum *crassifolium*)	1	»
11 — purpureum	1	»
12 Bonariense alba	»	75
13 — (*fleurs étoilées*)	»	75
14 — violacea	»	75
15 callicarpæfolium	1	»
16 Capsicastrum	1	»
17 — folis variegatis	1	»
19 crenulentum	1	»
20 crinitum	3	»
18 crinitipes	5	»
21 diphyllum	2	»
22 discolor	1	»
23 elæagnifolium	2	»
24 enneodontum	1	»
25 fastigiatum	1	»
26 flagrans (*Pionandra*)	2	»
27 giganteum *niveum*)	1	»
28 glaucophyllum	1	»
29 glutinosum	1	»
30 Hermannii (*Sodomæum*)	1	»
31 hippoleucum	1	»
32 horridum aureum *pyracanthum*)	2	»
33 Jasminifolium	1	»
34 — folis variegatis	1	»
35 jasminoïdes	1	»
36 laciniatum (*pinnatifidum*)	1	»
37 lanceolatum	1	»
38 macranthum	2	»
39 macrocarpum	1	»

55 macrophyllum	1 »	48 reclinatum.	1 »
40 mammosum (*villosissimum*) . .	1 »	49 robustum	1 »
41 marginatum (*abyssinicum*). .	» 75	50 Sieglengii	1 »
42 Maroniense	2 »	54 sp.?	
43 pinnatum	1 »	55 sp.? (*Chinensis*).	
44 pseudo capsicum	1 »	56 sp.? (*Lindenii*).	
54 pyracanthum.		51 tomentosum	1 »
45 Quitoeuse (*angulatum*)	1 »	52 Vellozianum	1 »
46 Rantonettii.	» 50	53 Warscewiczioïdes	3 »
47 — Japonicum.	» 50		

TULIPA.

Collection donnée par M. BONTOUX, amateur de Versailles.

3 Abbesse.	6 Antée.
9 Abd-el-Kader (*Bontoux*).	46 Antonio.
23 Abigaïl (*B.*).	11 apothéose (*B.*).
36 Acteur.	22 arabe.
29 Actrice.	8 Arago (*B.*).
47 Adeline (*B.*).	33 armateur (*B.*).
452 Adolphe.	38 Arthémise.
21 Adolphine.	32 Assaut (*B.*).
7 Agamemnon.	34 Asselin (*B.*).
48 Agathe.	35 astérie.
30 Agathocle.	458 attente.
42 âge d'or.	24 Attila.
37 Agnès Sorel.	15 Audiffret (d').
4 Aistuff (*B.*).	456 augure.
5 Albert Courtin.	16 auréole.
27 Alcide.	496 — Bedin.
43 Alcinoë.	18 — boréale.
13 Aldobrandini (*B.*).	28 aurore (*B.*).
12 Alfrede (Madame).	45 avenir.
2 Algérien.	17 Axtyanax.
44 alleluia.	73 Bacchus.
14 Alphonse (Madame) (*B.*)	64 Barthélemy.
26 amabilité.	67 bayadère.
10 ambassadeur.	466 belladona.
31 Ambroisine (*B.*).	522 Béranger (*B.*).
455 amitié.	61 Bérénice.
41 amour (*B.*).	49 bergère.
457 Amsterdam.	75 Bergmann (*B.*).
19 ange.	58 Bergues.
20 — (*B.*).	66 Berthe (*B.*).
25 Angélique.	77 Berry.
40 — (*B.*).	465 Berryer (*B.*).
39 angelus.	54 Bethume.
454 annexion (*B.*).	78 bibi (*B.*).
1 Anquetil (*B.*).	463 bijou (*B.*).

406 secundo.
399 séditieuse.
410 séduction.
405 séduisante (*B.*).
413 Ségur.
390 siége (*B.*).
415 silence.
394 soldat polonais.
412 Sombreuil.
391 Souillard (*B.*).
407 Souvaroff.
395 souveraine.
397 souvenir d'Amitié (*B.*).
416 — d'Enfance (*B.*).
401 — de voyage.
400 Speranza.
414 sublime.
409 sultan.
393 super exaltation (*B.*).
403 suprématie (*B.*).
402 suprême trésor.
430 Tenare.
422 temple de Delphes.
423 Theselle.
429 Thilon.
420 Tippo.
428 Tobie.
424 toilette.

421 tontine (*B.*).
418 tour Notre-Dame (*B.*).
427 Trémouille.
431 triomphe de Saint-Laurent.
425 Tripier (Mme) (*B.*).
426 — (caprice de).
429 Trovatore (*B.*).
432 Uranie.
433 Urbain.
434 Ussel.
443 Valérie.
435 Valida.
436 Valsaint (*B.*).
442 Vauban.
446 Vestris.
441 Victoire (*B.*).
447 — II (*B.*).
439 Victorine (*B.*).
449 Viennet.
438 Villaumer.
440 Villemain (*B.*).
444 Vincent (*B.*).
445 vivacité.
437 Vivaux (Mme) (*B.*).
448 Voltaire (*B.*).
451 Zingoline.
450 Zoranie.

Collection de l'Établissement.

601 Abd-el-Kader.
602 Adélaïde Léontine.
603 Agathe la Belle Ferronnière.
604 Ali-Pacha.
605 Alma.
606 Alphonse Karr.
607 après dix ans.
608 Arsinie.
609 Arsinoé.
610 astre fulminant.
611 — Louis.
612 aurore et cire d'Espagne.
613 bataille d'Alma.
614 — d'Inkermann.
615 beau Pierre.
616 — présent.
617 belle Climène.
618 — Eugénie.

619 belle Lisette.
620 — Malvina.
621 Benoît Verhoot.
622 Bernadotte.
623 blocus d'Hambourg.
624 Bosco.
625 Camrobert.
626 Canrobert.
627 Caroline.
628 — d'Autriche.
629 Catherine.
630 Cavaignac.
631 Céline.
632 cerise.
633 — printanière.
634 — printanière Napoléon III.
635 Charles X.
636 Circassienne.

637 cire.
638 — d'Espagne.
639 Clémentine.
640 combat Navarin.
641 comte de Flandre.
642 — Montalembert.
643 Corinne.
644 Cor. Antoinette.
645 couleur Triomphe.
646 Démosthènes.
647 deuil de Nicolas.
648 duc d'Aumale.
649 — de Brabant.
650 — d'Enghien.
651 — de Kent.
652 — d'Oporto.
653 — d'Orléans.
654 — de Saxe.
655 — de Trévise.
656 duchesse de Berry.
657 — de Kent.
658 éclair Cerise.
659 — Cerisé.
660 Elvire.
661 Émélie de Rohan.
662 étoile du matin.
663 — polaire.
664 Eugénie.
665 extrissima.
666 faisan doré.
667 Fanny.
668 favorite Demazières.
669 — Prucels.
670 feld-maréchal Blondel.
671 — d'Hout.
672 foncé.
673 fortifications d'Anvers.
674 Francolie.
675 François II.
676 Fulvie.
677 général Canrobert.
678 — Caplaumont.
679 — Changarnier.
680 — Guillemet.
681 genre la Perle.
682 gloire de Louvain.
683 Gobertine.
684 G. D. L. de Beaucourt.
685 G. D. Le Modeste.
686 grande mère Brune.
687 Guillaume Cerise.
688 — de Tournai.

689 Gustave.
690 — Agathe.
691 Holopherne.
692 honneur de Grammont.
693 Jacqueline.
694 Janissaire.
695 Jeanne d'Arc.
696 — de Portugal.
697 l'attention.
698 la belle Aurore.
699 — Lyonnaise.
700 — Malvina.
701 Laborde.
702 la Candeur.
703 la Capricieuse.
704 la Chinoise.
705 la Cochenille.
706 Lady Palmerston.
707 la Fille du Régiment.
708 la Fontaine.
709 l'Hirondelle.
710 l'Impératrice.
711 — d'Audenarde.
712 l'Inauguration.
713 la Jardinière.
714 la jeune Reine de Portugal.
715 la Joyeuse.
716 la Lanterne.
717 la Majestueuse.
718 la Négresse.
719 la Perle.
720 la Princesse.
721 — Namette.
722 la Proclamation.
723 la Renaissance.
724 la Séduisante.
725 la Sémillante.
726 la Surprise.
727 la Tirlamontoise.
728 l'Université catholique.
729 la vraie Violette.
730 l'Amateur.
731 l'Armateur.
732 le beau Lancier.
733 le Crâne des Brunes.
734 l'Empereur du Mexique.
735 — François-Joseph.
736 l'Évêque de Gand.
737 le Nègre.
738 — de Gobert.
739 Léontine Fay.
740 le Pavillon de Salomon.

741 le Pierrot.
742 le Régent.
743 le Roi de Delhi.
744 les Deux Amies.
745 — Amis.
746 les Gémeaux.
747 Lima.
748 lit Van Spyk.
749 lord Clarendon.
750 — Cocranne.
751 — Percy.
752 Ragland.
753 Louis le Grand.
754 Lucile.
755 Ludovic.
756 Ludovisca.
757 Madame Morel.
758 Mademoiselle Dieuty.
759 — Morel.
760 Maréchal Blondel.
761 — Clausel.
762 — Randon.
763 Marguerite de Flandre.
764 Marie Pie.
765 mère Brune.
766 — Christine.
767 Miss Nichtingall.
768 Modeste.
769 moi.
770 mon Caprice.
771 mon Prince.
772 Monseigneur l'Évêque de Gand.
773 Nanette.
774 Napoléon III.
775 Narcisse.
776 nègre de Gobert.
777 Odilon Barrot.
778 Omer Pacha.
779 oracle de Delphes.
780 Orphée.
781 Orphélia.
782 Palestris de Hollande.
783 Palmyre.
784 perle.
785 petit Chaperon.
786 — Page.
787 Pierrot.
788 prima dona.
789 prince Albert.
790 — Arthur.
791 — d'Orange.
792 princesse Charlotte.

793 princesse Marie.
794 Priore le Jenne.
795 prise de Sébastopol.
796 Radagaise.
797 reine Armida.
798 — d'Arabie.
799 — de Siam.
800 Revphens.
801 roi de Delhi.
802 — de Siam.
803 rosa monda.
804 rose.
805 — Alphonse.
806 — Angeline.
807 — Belvédère.
808 — Cramoisi.
809 — d'Audenarde.
810 — de Flandre.
811 — Deflinge.
812 — des Flandres.
813 — Honorine.
814 — Ma Femme.
815 — Meylou.
816 — Mon Élude.
817 — Peyck.
818 — Rains.
819 — Triomphe du Jour.
820 — Vierge.
821 — Zénobie.
822 Sarah.
823 Schermerki.
824 Schrymakersy.
825 Schrymerski.
826 semence de Louis XVI.
827 Sixte-Quint.
828 souvenir de ma Naissance.
829 — de Prucels.
830 superbe.
831 Talma.
832 Tamerlan.
833 Tartufe.
834 Théophile-Lucile.
835 tigre Blondel.
836 Tippo-Saïb.
837 toilette de Fanny.
838 tombeau de Cire d'Espagne.
839 — de Lord Byron.
840 — de Louis XVI.
841 trésor parfait.
842 triomphe d'Etikone.
843 — Dezaugié.
844 Tulia.

845 Turenne.
846 Valentine de Milan.
847 Van Spyck.
848 Ville de Paris.
849 violet.
850 — Abd-el-Kader.
851 — ardoise.
852 — Atré.
853 — charmant.
854 — des réserves.

855 violet Moustache.
856 — noir.
857 — noir et blanc.
858 — pourpre.
859 — rose.
860 Virginie.
861 — Spyk.
862 vraie violette.
863 Ypsilanti.

VERBENA.

81 abondance.
85 admirable.
74 alba.
124 — rosea.
91 ablée Boldodue.
95 Albert Dupontchel.
230 Alkin.
236 Alphonse Dufoy.
207 Amelina Squazzina.
209 Anatole.
169 Angiola Polysiana.
1 Angelina.
157 Apothéose.
146 Aristide Roger.
198 arrivée de Garibaldi à Brescia.
178 azurea superba.
3 belle étoile.
230 — Montoise.
242 — violette.
2 brillante de Vaise.
243 Bruno.
216 Camille Gérard.
232 capriciosa.
111 Carlomann.
4 Carolina Cavaguini.
80 Catherine Nardy.
62 Cav. Pescatore.
238 César Franchette.
108 Charles Martel
107 — Sahousse.
84 Chaté fils.
168 Cléopâtre.
94 Clotilde Honoré.
5 cœrulea.
6 comte Bernardo.
70 — E. de Sambug.

7 comtesse Camilla.
205 — Lusago rosea.
212 — Madelaine.
143 coquette.
155 Dalery.
8 d'Arville.
64 Dante Alighieri.
229 délices d'Olbiche.
82 de Piccy.
9 Desdemona.
134 deuil de Léopold 1er.
10 Désirée.
11 Diodore.
179 Dominiana.
12 Dorcée.
119 Dupont frères.
234 éclat.
97 Edouard Miellez.
13 élégance.
66 — Brown.
116 Eletta.
202 Emelia Caranguini.
228 — Sentarelli.
172 enchanteresse.
130 étoile rose.
226 Eugène Grazzola.
113 — Henry.
15 Eurymone.
16 Fabuline.
114 Félix Hement.
150 Fernand Lemarchand.
125 Ferrata.
17 Fille de l'Air.
225 Firatoarnold di Brescia.
18 Firefly.
120 Fior d'Alisa.

140 Marizi.
160 marquise de Chateauneuf.
42 Malanchette.
235 Mobile Français.
75 Monsieur Barillet-Deschamps.
39 — Bernard.
38 — Bruant.
40 — Bruno.
194 — D'Arville.
197 — Dorcé.
191 — Keteleer.
192 — Pelé.
41 — Souper.
176 — Wood.
71 Marettii.
44 Muscius Scœvola.
110 Musulman.
109 Necker.
68 Nottizie del Giormose.
127 Nigricans.
149 Oranga.
122 Oréglia.
154 ornement des massifs.
126 Palmyre.
208 Passa Tutte.
223 Paul Clément.
79 — Dupont.
245 Paulmier.
213 Pavre Sampi.
246 Pierre Zacanne.
114 Pietro Mazcratti.
158 Plaminea.
117 Popular.
161 président Brongniart.
46 princesse Clotilde.
45 Pulavicini di Brescia.
237 Racine.
69 Rafaele Dierbino.

121 Ravelle frères.
47 reine des beautés.
89 — des blanches.
185 — des Piétés.
123 — des Roses.
222 Rendaller.
231 Robervillé.
48 Rosa Mundi.
184 Rosnia Coraldi.
248 Rossini.
121 *Rovelli frères.*
49 Paladin.
201 Savatora.
167 sensation.
217 Signora da Brescia.
249 Sobiesky.
54 Soffia Mazucelli.
141 Sophie Denecke.
1'9 Sorpesa degle amatose.
175 Théophraste.
204 Thérésine Grazzella.
250 Thibauti.
78 Timothée Trinm.
221 Trinita.
50 trésor des massifs.
199 tricolor Caraguini.
62 triomphe del Avenire.
182 — del Espazizione.
51 Turenne.
219 Uno dei Mille.
193 Vesta.
251 Ville de Paris.
252 Virginia Prima.
72 — Riné.

Prix : la pièce » 50.

12 *var.* | »

VERONICA.

14 Andersonii.
22 — fol variegatis.
28 Albertine Varengue.
4 Anne de Beaujeu.
20 Beaudina.
25 buxifolia violacea.
32 — folis variegatis.
16 gloire de Lorraine.
11 — de Lyon.

21 hybrida.
19 — alba.
12 — cœrulea.
15 Impératrice Eugénie.
9 Lindleyana.
1 l'Orpheline.
26 Madame Dassy.
29 — Treselle.
10 Meldensis.

8 microphylla alba.
5 Monsieur H. Jacotto.
3 multiflora.
30 nec plus ultra.
2 princesse Mathilde.
23 reine des massifs.
24 Rosa Bonheur.
13 sp.?

27 sp.? (*de Lierval*).
6 — (*longiflora*).
7 — (*R. K. G. L*).
18 speciosa rosea.
71 triomphe de Meaux.

Prix : *la pièce, 50 c.*

12 variétés, 5 fr.

YUCCA.

17 albo picta.
14 aloefolia.
1 — variegata.
22 canaliculata.
13 densifolia japonica.
9 Draconis.
31 ensifolia.
29 filamentosa major.
27 — stricta.
4 — variegata.
5 flaccida.
18 flexilis.
10 — compacta.
20 — (*Landry*).
25 glaucescens.
19 gloriosa.

30 gloriosa acutifolia.
24 — variegata.
26 Guidonii.
16 latifolia.
11 longifolia.
28 lutescens.
6 meldensis.
23 obliqua.
21 pendula.
3 plicata.
32 purpurea.
2 quadricolor.
33 recurvata.
7 treculeana.
8 tricolor.

Paris.—Imp. FÉLIX MALTESTE ET Cie, rue des Deux-Portes-St-Sauveur, 22.

www.ingramcontent.com/pod-product-compliance
Lightning Source LLC
LaVergne TN
LVHW012010180726
843502LV00005B/1628